La recuperación de tecnologías indígenas

Editor responsable: Emir Sader, Secretario Ejecutivo de CLACSO

Coordinador académico: Pablo Gentili, Secretario Ejecutivo Adjunto de CLACSO

Colección Becas de Investigación
Bettina Levy, Coordinadora del Programa Regional de Becas
Asistentes: Natalia Gianatelli, Magdalena Rauch
Revisión técnica de textos: Ernesto Funes

Área de Producción Editorial y Contenidos Web

Responsable editorial: Lucas Sablich
Director de Arte: Marcelo Giardino

Consejo Latinoamericano de Ciencias Sociales - Conselho Latino-americano de Ciências Sociais
Av. Callao 875 | piso 4º G| C1023AAB Ciudad de Buenos Aires | Argentina
Tel [54 11] 4811 6588 | Fax [54 11] 4812 8459 | e-mail clacso@clacso.edu.ar | web www.clacso.org

CLACSO cuenta con el apoyo de la Agencia Sueca de Desarrollo Internacional (ASDI)

La Colección Becas de Investigación es el resultado de una iniciativa dirigida a la difusión de los trabajos que los investigadores de América Latina y el Caribe realizan con el apoyo del Programa Regional de Becas de CLACSO.

Este libro presenta la investigación que el autor realizó en el marco del concurso de proyectos para investigadores de nivel intermedio sobre Las deudas abiertas en América Latina y el Caribe organizado por el Programa Regional de Becas de CLACSO con el apoyo de la Agencia Sueca de Desarrollo Internacional, Asdi. Los contenidos de este libro han sido seleccionados y evaluados en un proceso de revisión por pares.

La recuperación de tecnologías indígenas: arqueología, tecnología y desarrollo en los Andes

Alexander Herrera Wassilowsky

Universidad de los Andes
Facultad de Ciencias Sociales-CESO, Departamento de Antropología
Consejo Latinoamericano de Ciencias Sociales (CLACSO)
Instituto de Estudios Peruanos (IEP)
PUNKU Centro de Investigación Andina

Herrera Wassilowsky, Alexander Charles
La recuperación de tecnologías indígenas : arqueología, tecnología y desarrollo en los Andes / Alexander Herrera Wassilowsky. – Bogotá: Consejo Latinoamericano de Ciencias Sociales CLACSO; Instituto de Estudios Peruanos; Facultad de Ciencias Sociales, Departamento de Antropología, Centro de Estudios Socioculturales e Internacionales; Ediciones Uniandes, 2011.
204 p.; 17 x 24 cm.

ISBN 978-958-695-622-2

1. Arqueología – Investigaciones – Andes (Región) 2. Indígenas de América del Sur – Innovaciones tecnológicas – Andes (Región) 3. Indígenas de América del Sur – Técnicas – Andes (Región) 4. Indígenas de América del Sur – Innovaciones agrícolas – Andes (Región) I. Consejo Latinoamericano de Ciencias Sociales II. Instituto de Estudios Peruanos III. Universidad de los Andes (Colombia). Facultad de Ciencias Sociales. Departamento de Antropología IV. Universidad de los Andes (Colombia). CESO V. Tít.

CDD. 980.1 SBUA

Primera edición: julio del 2011

Ediciones Uniandes
Carrera 1 núm. 19-27, edificio AU 6, piso 2
Bogotá, D. C., Colombia
Teléfonos: 339 49 49/339 49 99, ext. 2133
http://ediciones.uniandes.edu.co
infeduni@uniandes.edu.co

ISBN: 978-958-695-622-2

Diseño de cubierta: AZ Estudio (www.azetaestudio.com)
Fotografía cubierta: Alexander Herrera Wassilowsky
Corrección de estilo: Roger Reyes
Diagramación: David Reyes
Impresión: Nomos impresores
Diagonal 18 bis núm. 41-17
Teléfono: 208 65 00

Impreso en Colombia - Printed in Colombia

Para Alina y Jan,
herederos del futuro

Contenido

Listado de siglas

ALT: Autoridad Binacional Autónoma del Sistema Hídrico Titicaca–Desaguadero-Poopó-Salar de Coipasa (Bolivia y Perú)

CAF: Corporación Andina de Fomento

CBC: Centro de Estudios Regionales Andinos Bartolomé de las Casas (Perú)

CEAA: Centro de Estudios Arqueológicos y Antropológicos (Ecuador)

CEDEP: Centro de Estudios para el Desarrollo y la Participación (Perú)

CEPAL: Comisión Económica para América Latina y el Caribe

CIID: Centro Internacional de Investigaciones para el Desarrollo

COFIDE: Corporación Financiera para el Desarrollo (Perú)

CONACS: Consejo Nacional de Camélidos Sudamericanos (Perú)

CONCYTEC: Consejo Nacional de Ciencia y Tecnología (Perú)

CONDESAN: Consorcio para el Desarrollo Sostenible de la Ecorregión Andina

COSUDE: Agencia Suiza para el Desarrollo y la Cooperación

COTESU: Cooperación Técnica Suiza

DGIA: Dirección General de Información Agraria del Ministerio de Agricultura (Perú)

DRAE: Diccionario de la Real Academia Española

ESPOL: Escuela Superior Politécnica del Litoral (Ecuador)

FAO: Food and Agriculture Organization of the United Nations (Organización de las Naciones Unidas para la Agricultura y la Alimentación)

FDC: Fondo de Desarrollo Campesino (Bolivia)

FEDECOM-G: Federación de Comunidades de Guayas

FIDA: Fondo Internacional de Desarrollo Agrícola

FONAFOG: Fondo Nacional de Fomento Ganadero (Perú)

FONCODES: Fondo Nacional de Cooperación para el Desarrollo (Perú)

IEP: Instituto de Estudios Peruanos

IFEA: Institut Français d´Études Andines

III: Instituto Indigenista Interamericano

IICA: Instituto Interamericano de Cooperación para la Agricultura

INADE: Instituto Nacional de Desarrollo (Perú)

INAI: Instituto Nacional de Asuntos Indígenas (Argentina)

INDEA: Instituto Andino de Estudios Arqueológicos (Perú)

INERHI: Instituto Ecuatoriano de Recursos Hidráulicos

INRENA: Instituto Nacional de Recursos Naturales (Perú)

IPAI: Instituto Provincial de Asuntos Indígenas (baja Argentina)

IPCC: Intergovernmental Panel on Climate Change (Panel Internacional de Cambio Climático)

IRD: Institut de recherche pour le développement (Instituto de la Investigación para el Desarrollo, Francia)

ITDG: Intermediate Technology Development Group (Soluciones Prácticas ITDG) (Perú)

MARENASS: Proyecto Manejo de Recursos Naturales en la Sierra Sur (Perú)

MNAAHP: Museo Nacional de Arqueología, Antropología e Historia del Perú

OEA: Organización de Estados Americanos

PELT: Proyecto Especial Binacional Lago Titicaca (Bolivia y Perú)

PIAP: Proyecto de Investigación Arqueológico Payrarky

PIAW: Proyecto de Investigación Arqueológico Wanduy

PIWA: Programa Interinstitucional de Waru Waru (Perú)

PNUMA: Programa de las Naciones Unidas para el Medio Ambiente

PRODEPINE: Proyecto para el Desarrollo de los Pueblos Indígenas y Negros del Ecuador

PROSUKO: Programa Suka Kollus (Bolivia)

PUCP: Pontificia Universidad Católica del Perú

RBGK: Royal Botanical Gardens at Kew (Reales Jardínes Botánicos de Kew, Reino Unido)

SPAR: Sociedad Peruana de Alpacas Registradas

UNACAST: United Nations Advisory Committee on the Application of Science and Technology (Comité Asesor de las Naciones Unidas sobre la Aplicación de la Ciencia y la Tecnología al Desarrollo)

UNEP: United Nations Environment Programme, ver PNUMA

UNEPCA: Unidad Ejecutiva del Proyecto de Desarrollo de Criadores de Camélidos del Altiplano Boliviano

UNESCO: United Nations Educational, Scientific and Cultural Organization (Organización de las Naciones Unidas para la Educación, la Ciencia y la Cultura)

Índice de figuras

Prefacio

Este libro nace de la preocupación por impulsar una arqueología que responda a los urgentes retos sociales y ecológicos del presente. El resultado oscila entre la descripción técnica y el análisis simbólico de ejemplos puntuales de recuperación de tecnologías indígenas y tradicionales, y no pretende explicar los sistemas de significación andinos ni cuantificar los flujos de energía de procesos productivos particulares. Al no dar respuestas técnicas definitivas ni interpretaciones simbólicas totales, algunos pasajes podrán parecerle ambiguos al lector acucioso. Sin embargo, he optado por no trazar una línea divisoria entre determinantes técnicos y conceptuales con claridad absoluta, porque las contingencias históricas de contextos sociales y ambientales específicos hacen ilusorio pensar que tal diferenciación pueda tener una utilidad amplia, atemporal. Esta indeterminación es un reconocimiento de que estamos al inicio de un largo camino de transformación tecnológica, cuyos puntos de partida se encuentran anclados a las condiciones de posibilidad de lugares específicos, a la vez que una consecuencia de la convicción que el estudio y conocimiento de la historia hacen posible reorientar su curso.

El contexto inmediato del surgimiento de mi preocupación por la recuperación de tecnologías andinas fue el primer reconocimiento arqueológico que realicé en zonas marginales altoandinas en 1995 y 1996. En aquel entonces pude constatar lo que muchos otros ya sabían: los antiguos pobladores de la región de los Conchucos —y de los Andes Centrales en general— desarrollaron sofisticadas estrategias de manejo del entorno, mejor adaptadas a las condiciones ecológicas del Ande que los esfuerzos contemporáneos puntuales por parte del Estado, de la Iglesia, las comunidades y familias campesinas mismas. El campesinado andino afronta una compleja y creciente serie de retos —disponibilidad de agua, fertilizantes y mano de obra, nuevas plagas y erosión intensa de suelos, entre muchos otros factores que agudizan las presiones migratorias— que afectan su capacidad de alimentar, vestir y educar a sus familias, es decir, su dignidad.

El acceso a las herramientas conceptuales necesarias para profundizar sobre mi emergente preocupación se lo debo al profesor John Earls, quien me permitió percatarme que muchos especialistas comparten la convicción de que las tecnologías andinas son eficientes, sustentables y dignas de recuperación. La reutilización autogestionaria de corrales antiguos en la puna de la Cordillera Negra por parte de los comuneros de Cajabamba Alta, en cambio, demostró ante mis ojos que el paso entre la utopía teórica y la realidad práctica bien puede ser breve y silencioso. Los restos materiales del pasado desempeñan un papel importante en la economía pastoril, pero no reviste mayor importancia para los comuneros de Cajabamba Alta y alrededores si los corrales de la región fueron construidos durante el siglo X o XV o si las tumbas colectivas asociadas —destruidas y saqueadas sin excepción— son del tipo *machay** o *chullpas* a flor de tierra. Los *awilitu*, espíritus ancestrales del lugar, las habitan y ayudan a cuidar los rebaños a cambio de reconocimiento y ofrendas, una relación de reciprocidad que constantemente actualiza el pasado y el presente en las prácticas cotidianas. Consciente de la brecha existente entre las formas de conocimiento indígena, arqueológica, y de la modernidad vernácula —en la que destacan los preconceptos en torno a la superioridad de la máquina y la economía de mercado—, decidí afrontar el reto de intentar reducirla.

Escribí este libro pensando en un público amplio que incluyera a mis amigos campesinos y colegas arqueólogos, antropólogos y andinistas, tanto como estudiantes latinoamericanos —de ciencias sociales, ambientales y tecnológicas e ingenieros— y a los profesores y guías locales que han atendido a mis preguntas y acompañado mis caminatas de investigación a lo largo de 15 años de trabajo en los Andes centrales. Para facilitar su uso como un recurso de trabajo e investigación independiente, hemos incluido un índice analítico de los nombres de personas, lugares plantas y animales más importantes, al igual que los conceptos clave desarrollados en el texto. Del mismo modo, he limitado la citación de referencias académicas al mínimo indispensable, sobre todo en los acápites introductorios. Los especialistas interesados en el trasfondo de las discusiones sobre temas específicos deberán consultar trabajos futuros en revistas especializadas.

* La ortografía quechua utilizada en este libro se ciñe al panalfabeto quechua y corresponde primordialmente al quechua ancashino o Ancash-Huaylas según los diccionarios de Gary J. Parker y Amancio Chávez (1976) y de Francisco Carranza Romero (2003). La grafía de términos regionales y en otras lenguas indígenas se ciñe a la bibliografía consultada. Mi agradecimiento al doctor Hernán Aguilar por señalar múltiples errores. [N. del A.]

La oportunidad de escribir este libro me la proporcionó el llamado a propuestas de investigación del Consejo Latinoamericano de Ciencias Sociales (CLACSO) "Las deudas abiertas en América Latina y el Caribe", pues comparto la idea de la existencia de una deuda histórica con los pueblos indígenas del continente. Esta deuda implica revalorar los logros del pasado, que no es lo mismo que hacerlos exóticos y transformarlos en una mercancía para venderlos al mejor postor. Agradezco a CLACSO por apoyar esta investigación e impulsarme a realizar este trabajo más bien antes que después.

El plan original para la presente obra contemplaba un capítulo sobre tecnologías arquitectónicas —la construcción con piedra, adobe, adobón, tapial, tepes y quincha, principalmente, y otro sobre los vínculos entre la arqueología, el turismo receptivo y el desarrollo. La dispersión de la información al respecto del primer tema me obligan a profundizarlo en otra oportunidad, mientras que la amplitud del segundo se esboza en un acápite a modo de epílogo. También deseábamos abordar la discusión del potencial para la recuperación de tecnologías indígenas en Colombia, especialmente de los campos elevados del Gran Zenú. Desafortunadamente, esto no ha sido posible, pues la violencia paramilitar que sufren los departamentos de Bolívar, Córdoba y Sucre dificulta seriamente el trabajo de campo en ciencias sociales. La memoria de quien en vida fuera Ever Humanes nos alienta a pensar que las condiciones cambiarán en un futuro no muy lejano.

Si esta investigación logra el cometido de apoyar el reordenamiento epistemológico de la revaloración de las tecnologías andinas es gracias al apoyo de las personas e instituciones interesadas que acompañaron las diferentes etapas del proceso. En Ecuador debo un agradecimiento muy especial a Florencio Delgado por albergarme, compartir su conocimiento y biblioteca, y llevarme a conocer la fascinante arqueología del Guayas. Francisco Valdez y Jorge Marcos colaboraron generosamente en mi búsqueda de bibliografía y, al igual que Alejandra Yépez, Ernesto Salazar y Segundo Moreno, compartieron su profundo conocimiento de la ingeniería prehispánica. Kleber Naula explicó con paciencia los significados y alcances de PRODEPINE, CODENPE, FODEPI y DINEIB en el proceso político indígena del Ecuador contemporáneo. Bayron Villón de Pechiche, colaborador del Museo Real Alto, nos acompañó a visitar los jagüeyes de la parroquia de Chanduy, mientras que diversos miembros de la Asociación de Guías de Agua Blanca nos facilitaron conocer este centro ceremonial manteño, así como sus menos conocidos jagüeyes.

En Perú Claudia Hintze, Kevin Lane y Mario Advíncula, compañeros del Centro de Investigación Andina Punku, me apoyaron en la formulación del proyecto y estuvieron siempre dispuestos a discutir y comentar aspectos de mi trabajo. El ingeniero Alipio Canahua Murillo, compartió generosamente décadas de experiencia en el trabajo de recuperación de tecnologías —en las breves horas disponibles en su apretada agenda— y llamó a mi atención la experiencia de la Comunidad Campesina Caritamaya. En Puno, Gastón Quispe Charaja, joven líder de esta comunidad, nos guió y acompañó desde nuestra llegada hasta la frontera con Bolivia. Juan Flores Quispe, alcalde del distrito de Ácora, tuvo a bien recibirnos y poner un vehículo a nuestra disposición. En Huatta, Pedro Curo Huanta, alcalde del distrito, nos recibió y la regidora Adela Cuela Pacheco nos acompañó a visitar los campos elevados —reconstruidos y posteriormente abandonados— de Choqñacota. Así pudimos visitar el "Reloj Solar" de Titijo —Comunidad Campesina Caritamaya— y las terrazas de Qalkantaya —Comunidad Campesina K'ulta—, en compañía de Sandino y del regidor Alberto Mamani Aguilar. César Díaz Zeballos, director de Desarrollo Agrícola y Medio Ambiente del Proyecto Especial Lago Titicaca, fue generoso con su tiempo y bibliografía. Jaime Villena, actual director de PIWANDES —antes PIWA—, explicó en detalle la historia de la institución y de los programas públicos y privados comprometidos con la reconstrucción de *waru waru*. Luis Alberto Suárez coordinó las entrevistas y visitas de campo y ayudó decisivamente en la búsqueda de la bibliografía, mayormente gris. María Febres Huamán, del Instituto Interamericano de Cooperación para la Agricultura, facilitó informes de algunas de las más recientes experiencias de recuperación de tecnologías indígenas en Perú.

Resulta imposible agradecer adecuadamente aquí a todas las personas que han apoyado mi trabajo en la sierra de Ancash a lo largo de casi quince años, por lo que me limito a destacar mi especial reconocimiento a Francisco Samaritano y la comunidad de Huagllapuquio (distrito de San Nicolás de Ápac); a Tomás Florentino y a la comunidad de Cajabamba Alta (distrito de Pamparomás), y a Sangil Campomanes de Barrio Alto (distrito de Yanama), quienes compartieron conmigo su techo, su comida y los profundos conocimientos de su tierra. En Marcará, el ingeniero Miguel Orellana, de la ONG peruana CEDEP fue particularmente franco y abierto en sus relatos de los altibajos de las reintroducciones de camélidos impulsadas por ONG y el Estado peruano. Ariel Ramírez y Adrián Mejía gentilmente me invitaron a participar en el segundo encuentro del Consejo de Gestión de la Cuenca del Río Yanamayo, donde pude presenciar las complejas realidades políticas locales tejidas en torno al desarrollo agrícola.

Lo nutrido y fructífero de nuestro trabajo de campo en Bolivia se debe en buena medida a Pilar Lima Tórrez, generosa amiga y conocedora de su país; gracias a ella tuvimos la suerte de contar con el esmerado apoyo de Pablo Soruco. Los señores Tiburcio Ramos de Curila y Herculeano Tarqui de Chucara, comunidades vecinas de la provincia Los Andes, gentilmente compartieron sus memorias de la rehabilitación de *suka kollu* en Pampa Khoani con un forastero ignorante del habla aimara. La conversación en La Paz con Eddy Morales, emprendedor director de la ONG boliviana PROSUKO, fue particularmente grata y estimulante. En Tomarapi, José Crispín Huarachi ofreció su visión personal del funcionamiento del proyecto de albergue ecoturístico comunal financiado por la Agencia de Cooperación Técnica Alemana. Por su parte, Marcos Michel dio cuenta de los múltiples esfuerzos desplegados por arqueólogos bolivianos en los Llanos de Mojos y en los Yungas de La Paz.

Kevin Lane, entrañable amigo y gran colega, fue el primero en llamar mi atención sobre la complejidad de los sistemas hidráulicos antiguos en el noroeste argentino, y me considero afortunado de haber podido visitarlos en su inmejorable compañía. Christian Vitry accedió a compartir sus experiencias en la plaza de Salta, y Antonio Mercado nos acompañó e introdujo a la espectacular arqueología de Cachi y los valles Calchaquíes. Martín Oliver, por su parte, ofreció su visión de la recuperación de tecnologías desde la perspectiva del agricultor vitivinícola. Por su parte, el ingeniero Ramiro Ragno nos invitó a su casa y condensó, con lujo de detalles, sus largos años de experiencia de trabajo con comunidades indígenas a lo largo y ancho del noroeste argentino.

Este libro se escribió en Bogotá, gracias al decidido apoyo y la paciencia de Marcela y al cariño de Alina y Jan, a quienes quiero dedicarlo. David Beresford-Jones, Florencio Delgado, Jaime Herrera, Kevin Lane y Roberto Suárez leyeron y ofrecieron comentarios sobre distintas partes del manuscrito. Germán Molina, Maurizio Alí y Miguel Aguilar asistieron con diligencia mis labores de investigación. Claudia Campos apoyó en la revisión del manuscrito y la elaboración del índice analítico. Harry Thomas facilitó una de sus excelentes fotos, mientras que Reynaldo Trinidad Ardiles nos permitió reproducir la portada del número 333 de la revista *Agronoticias*.

Finalmente, deseo agradecer al Consejo Latinoamericano de Ciencias Sociales, al Centro de Estudios Socioculturales e Internacionales de la Universidad de los Andes y al Instituto de Estudios Peruanos, en especial a Mariana Eguren y a Odín del Pozo, por creer en este trabajo y apoyar su publicación. Quedo en deuda con todas y cada una de las personas e instituciones que hicieron posible este libro —incluidos quienes pueda haber omitido sin desearlo—, a la vez que declaro míos todos los errores y omisiones que pueda contener.

Alexander HERRERA WASSILOWSKY
Bogotá, 21 de octubre de 2009

Introducción

La admiración por los restos materiales del pasado —las terrazas, los sistemas hidráulicos, los monumentos y las artes de nuestros antecesores indígenas— y la diversidad de papas, maíces y otras docenas de plantas y animales domesticados en Sudamérica a lo largo de más de seis mil años son una fuente de orgullo e identidad latinoamericanos. La cara opuesta de esta moneda, comúnmente implícita, es la vergüenza por las indignas condiciones de subsistencia que afrontan las grandes mayorías en Latinoamérica, tanto en el campo como en los cinturones de pobreza de las grandes ciudades. Encarar la contradicción entre la grandeza de un pasado 'primitivo' y la pobreza de un presente 'civilizado' es un aspecto ineludible del perenne proceso de construcción de identidades, no sólo en los Andes sino en todas aquellas regiones del mundo en las que pueblos originarios desarrollaron tecnologías productivas complejas y adecuadas al medio. Superar esta contradicción es una tarea amplia y compleja que implica auscultar la propia historia para determinar los orígenes de los retos del presente, a la vez que elaborar propuestas concretas para afrontarlos.

¿Cuáles son los principales retos del presente? La Organización de las Naciones Unidas (ONU) identifica ocho temas clave como Objetivos del Milenio: 1) la pobreza extrema; 2) la educación primaria; 3) la igualdad entre los géneros; 4) la mortalidad infantil; 5) la salud materna; 6) las enfermedades infecciosas; 7) la sostenibilidad del medio ambiente, y 8) el desarrollo (ONU, 2005). Aunque el tema del desarrollo es implícitamente propuesto como la principal vía de solución de los retos anteriores, la historia reciente de las políticas de desarrollo en América Latina muestra confusiones terminológicas y conceptuales serias que encubren una desigualdad creciente (Arocena y Senker, 2003). Así, la confusión entre 'desarrollo' y 'evolución' —cultural, biológica o social— da lugar a una idea de la desigualdad como algo natural, el resultado de un proceso orgánico, similar a la evolución de las especies. Por otro lado, se tiende a confundir procesos sociales e históricamente situados con promesas y programas políticos para el desarrollo, y éstos, a su vez, con los anhelos individuales y colectivos de un futuro mejor. El manejo de estas confusiones forma parte instrumental de aquellos procesos políticos de cooptación demagógica que subvierten anhelos legítimos.

Aclarar los principales conceptos en torno al desarrollo desde una perspectiva histórica de largo alcance ofrece fértiles puntos de partida para indagar sobre la contribución de las ciencias sociales a los procesos de transformación social, tanto para comprenderlos como para incidir sobre ellos. La arqueología, por ejemplo, entiende el desarrollo como la suma de procesos sociales e históricos, enfocando las respuestas culturales ante retos sociales y climáticos cambiantes. Una amplia gama de complejas tecnologías hidráulicas, arquitectónicas y productivas se hallan imbricadas en milenarios procesos de domesticación de plantas y animales, así como en una dinámica multiplicidad de paisajes y ecosistemas alterados por la acción humana. En cambio, la transformación intencional de la sociedad —la idea de efectuar 'desarrollo' mediante políticas globales, estatales, sectoriales, partidarias o comunales— supone la existencia de doctrinas y proyectos de futuro. A diferencia de los desarrollos sociales del pasado, procesos finitos en busca de interpretación, las promesas políticas de desarrollo son apuestas por el poder en un contexto económico neoliberal basadas en el *credo* del *stewardship* —la delegación de poder en manos de representantes— como base del contrato social. Desde una perspectiva de larga duración, la ecuación de pobreza con subdesarrollo es un fenómeno reciente, surgido en la época de posguerra, por lo que resulta poco útil —incluso absurda— como herramienta conceptual.

Los paisajes culturales andinos atestiguan un notable manejo del agua, del suelo, de la piedra y de los bosques por parte de sus antiguos pobladores originarios (figura 1), hasta el punto de que las actuales acepciones de 'paisaje cultural' están históricamente vinculadas al reconocimiento académico de las profundas transformaciones de los valles de Cusco. A inicios del siglo XX y a partir de sus experiencias de viaje en Centro y Sudamérica, el geógrafo norteamericano Carl Ortwin Sauer (1963: 343) define un paisaje cultural como el resultado de la transformación de un paisaje natural por una cultura,[1] (cf. Gade, 1999*a*: pássim). Más

1 "A cultural landscape is fashioned from a natural landscape by a culture group. Culture is the agent, the natural area is the medium. The cultural landscape is the result" (loc. cit.).

recientemente, el reconocimiento que el paisaje no es un mero telón de fondo, sino que los significados adscritos a lugares transformados por el ser humano influyen sobre ambos, ha trascendido esta simple y elegante definición. Desde 1992, la UNESCO, por ejemplo, define paisajes culturales como interacciones significativas entre personas y el medio ambiente natural. Sin embargo, esta separación entre cultura y naturaleza es el blanco de aquellas críticas que recalcan el arraigo de esta dicotomía en el pensamiento occidental y sus profundas implicancias ideológicas y políticas. Como Philippe Descolá ha demostrado para el pueblo Achuar (1994), las diferentes formas de concebir la naturaleza por parte de los pueblos indígenas de Sudamérica tienden a entender las plantas, los animales, las montañas y los manantiales como seres vivientes y dotados de alma o espíritu.

Los caminos, canales, terrazas y corrales antiguos no son, pues, meros relictos del pasado, tal como propugna la representación exotizante desplegada en aras de la mercantilización asociada al turismo receptivo (ver, p. ej. Silverman, 2002). Las prácticas y tradiciones campesinas vinculadas a la utilización de este patrimonio tienden puentes vivientes entre el pasado y el presente, frecuentemente idealizados pero pocas veces comprendidos. Esta incomprensión, plagada de preconceptos, es uno de los principales retos que la antropología del desarrollo y la arqueología para el desarrollo deben afrontar, aunque para ello sea necesario cuestionar tanto la idealización de 'lo andino' y su pasado como la fe en las tecnologías modernas y las actuales doctrinas del desarrollo.

El antiguo complejo ferroviario de Uyuni (departamento de Potosí, Bolivia), hoy convertido en impactante cementerio de trenes (figura 2), es un sitio arqueológico de la era industrial que materializa la fe en las modernas tecnologías de transporte que guiaba las políticas de desarrollo de fines del siglo XIX. La construcción de la línea férrea a la costa, impulsada por el afán de desarrollo de una emergente clase industrial, implicó la destrucción de algunos de los bosques más altos del mundo —de *qenua* (*Polylepis tarapacana*), principalmente—, no obstante su importancia ecológica y acuífera para las extensas punas áridas y saladas de pajonales y tolares del sur andino, reconocida tanto por los especialistas como por las poblaciones indígenas del presente y el pasado. En la actualidad, los bosques altoandinos de *qenua*, parcialmente protegidos en parques nacionales como el parque nacional natural Sajama, abarcan menos del 8% de su área potencial (Fjeldså y Kessler, 1996). Se necesitarán siglos para que se recuperen de una miopía política pasajera

cuyas secuelas, sin embargo, continúan exacerbando la pauperización del campesinado y las causas de la migración del campo a las ciudades.

La pérdida de diversidad biótica va de la mano con la pérdida de diversidad cultural, pues representa otro obstáculo para la reproducción de aquellas maneras de relacionarse con el entorno, surgidas a lo largo de milenarios procesos de desarrollo cultural. En los Andes centrales, antes de la Conquista, el acceso al agua era considerado más importante que el acceso a la tierra. Ciertas montañas, glaciares, lagos y manantiales eran sagrados —y en muchos lugares aún lo son—, pues eran los lugares de residencia de deidades, ancestros y espíritus cuyas relaciones de parentesco mítico con los humanos legitimaban las negociaciones en torno al acceso al líquido vital. La introducción colonial de un régimen jurídico basado en la propiedad exclusiva y excluyente de la tierra; la drástica reducción demográfica en los siglos XVI y XVII, y la reubicación forzosa de la población indígena en pueblos diseñados según los criterios peninsulares de la época, son hitos clave del desarrollo histórico del minifundio en los Andes. Ante el actual período climático más cálido —inicialmente más húmedo en el entorno de los glaciares en retroceso, pero más seco a largo plazo— resulta pertinente reconsiderar aquellas tecnologías hidráulicas autóctonas diseñadas para administrar la disponibilidad de agua, siempre irregular y a veces errática, que caracteriza los regímenes climáticos andinos.

Es imposible abordar a cabalidad aquí los múltiples vínculos entre la pobreza, la marginación y la pérdida de la diversidad ecológica y la diversidad cultural. La riqueza social que representa la diversidad de frutos y semillas de la tierra —la agrobio—, por ejemplo, es difícil o imposible de medir en dinero. Su surgimiento a lo largo de milenios, su manutención por familias indígenas y campesinas, su rápida erosión actual y los riesgos planteados por la diseminación de organismos genéticamente manipulados son el resultado de múltiples y entrecruzadas trayectorias históricas y culturales. Comparar las prácticas culturales y formas de organización social del trabajo imbricadas en la creación de las chacras y los corrales en el pasado con las diferentes prácticas de uso, mantenimiento y transformación en la actualidad es una tarea central para dilucidar las condiciones necesarias —ambientales, sociales e históricas— para el funcionamiento de las tecnologías indígenas. Al estudiar las tecnologías indígenas del pasado y el presente, con el

Fig. 2. **El complejo ferroviario de Uyuni, sitio arqueológico de la era industrial latinoamericana temprana** (Potosí, Bolivia)

Foto: Harald Thomas

ánimo de alentar su recuperación, es necesario pensar más allá de los aspectos técnicos e incluir lo social y lo cultural en la propia definición de tecnología.

Forjar la grandeza del pasado para apuntalar proyectos políticos nacionalistas ha sido un objetivo histórico de la arqueología desde su primera infancia como disciplina científica en el siglo XIX, en las cortes reales de Berlín, Copenhague, Estocolmo y Londres. Es aún una motivación central de las arqueologías nacionales en todo el mundo. Así, al escribir las 'prehistorias nacionales' —aquellas narrativas del pasado indígena anteriores a la colonización europea promovidas y avaladas por las instituciones designadas como guardianes del patrimonio cultural en cada Estado-nación, y materializadas en currículos escolares y guiones de museo—, los arqueólogos forjamos nación.

La visión de los Andes centrales como una de las contadas regiones del mundo en donde surgieron "civilizaciones prístinas" (Fried, 1967) se basa, en buena medida, en una valoración de sus tecnologías, entendidas como la suma de medios técnicos desplegados por un sistema cultural para capturar la energía de su entorno (White, 1959; Binford, 1962). Aunque "La consecuencia más evidente del progreso tecnológico ha sido el hecho de que la especie humana es ahora menos dependiente de la naturaleza no humana, del medio externo" (Childe, 1960: 148), estas nociones de progreso y civilización frecuentemente implican cierta creencia en el determinismo tecnológico, parte de la teleología evolucionista arraigada en una visión mecanicista del mundo anclada en la modernidad. Es por ello que la investigación de la tecnología es central tanto para el estudio de la historia de la humanidad —a través de la cultura material, es decir, para la arqueología— como para la comprensión de las políticas de desarrollo que impulsan tal o cual paquete tecnológico.

Los limitados logros de los intentos de recuperación de tecnologías indígenas y tradicionales impulsados por agencias estatales y organizaciones no gubernamentales (ONG) desde la década de 1980 hacen necesario pensar no sólo en aquello que se ha perdido, sino también en quiénes lo han perdido y quiénes desean recuperarlo y por qué. Esto implica ampliar el espectro de la investigación arqueológica tradicional (v. gr. Mujica, 1997; Kendall, 2005). Si bien ésta ha comenzado a mostrar la diversidad de formas sustentables en que se aprovecharon el agua y el suelo en el pasado, es necesario abordar el estudio crítico de estos esfuerzos, así como de aquellas políticas y discursos nacionales de turno que declaran al Estado como único heredero legítimo del pasado.

A diferencia de la mayoría de los textos arqueológicos, el objetivo central de este libro no es responder preguntas acerca de lo que sucedió en el pasado. Más bien, buscamos aprovechar las prácticas tradicionales en torno a la materialidad del pasado, en especial el uso productivo intensivo y coordinado de microambientes dispersos que tanto asombrara a los primeros europeos como una fuente de inspiración. El objetivo es abordar los vínculos entre las políticas de desarrollo formuladas a partir de los restos materiales del pasado, la inseguridad alimentaria (FAO, 2005; cf. Vivero y Porras, 2007), el pobre manejo del agua, del suelo y de los bosques en los Andes, y las identidades campesinas. Para ello, se puntualizarán aquellos aspectos y procesos del pasado que permiten comprender el funcionamiento y devenir histórico de las tecnologías indígenas, la historia de tres décadas de trabajo sobre su recuperación y los recientes contextos de su apropiación, tanto en el ámbito de las políticas de desarrollo rural como fuera de él. Buscamos, ante todo, realzar aquellos aspectos sociales, técnicos, ideológicos e históricos que permiten proponer la recuperación de tecnologías indígenas como senda para un desarrollo rural digno y sustentable.

En suma, el estudio de las tecnologías tradicionales se plantea en este trabajo como un aporte en la construcción de estrategias de desarrollo basadas en la valoración del legado histórico propio. Coincidimos con Arocena y Senker (2003) en que Latinoamérica es pobre porque ha desaprovechado las ventajas tecnológicas existentes, haciendo esfuerzos desmesurados por importar tecnologías foráneas antes que construir sobre las bases propias. Por ello, entendemos las tecnologías tradicionales como redes complejas de relaciones sociales tejidas entre grupos humanos, plantas, animales y el entorno, ancladas en la historia.

La base de este trabajo es el estudio de las tecnologías indígenas en los campos de la agricultura, el pastoreo, la arquitectura y la silvicultura en ocho regiones andinas ubicadas en el ámbito de las actuales repúblicas de Ecuador, Perú, Bolivia y Argentina. La elección de temáticas y lugares obedece principalmente al afán de ofrecer un panorama amplio de este campo de estudio emergente. Por lo mismo incluye zonas en las que se han realizado trabajos de recuperación de tecnologías como la península de Santa Elena (provincia del Guayas, Ecuador), el altiplano del Titicaca (provincia de Ingavi, Bolivia, y región Puno, Perú) y el valle del Urubamba o Vilcanota (región Cusco, Perú); áreas en las que los trabajos realizados son incipientes, como la sierra norte del Ecuador y la Cordillera Negra (región Ancash, Perú); y zonas en las que existe un notable potencial para la realización de este tipo de proyectos, pero que aún no ha sido reconocido, como los valles Calchaquíes (provincia de Salta, Argentina), el valle alto del río Marañón y la Cordillera Blanca (región Ancash, Perú).

El segundo capítulo presenta el marco teórico, que parte de una definición de la tecnología como un hecho social total. En primer lugar aborda la evolución del concepto de desarrollo, para puntualizar la falta de claridad teórica y conceptual como un problema per se, tanto político como de comunicación intercultural. Seguidamente discute la visión de la tecnología desde los estudios de la ciencia, la tecnología y la sociedad, enfocando el manejo moderno del mito de la tecnología y la teoría de actor-red. Desde esta perspectiva teórica se abordan las técnicas y saberes de campesinos, agrónomos y actores del sector público y ONG involucrados de una u otra manera en la recuperación de tecnologías en la región andina. Finalmente, se puntualizan los vínculos entre arqueología y tecnología y los aportes para el desarrollo desde la arqueología aplicada.

En los capítulos tres, cuatro y cinco se presentan y discuten las tecnologías agrícolas, pastoriles y agroforestales del pasado en las áreas focales estudiadas en Argentina, Bolivia, Ecuador y Perú. En cada caso se parte de su estudio arqueológico y se mencionan y discuten los esfuerzos desplegados para su recuperación, destacando los acercamientos más promisorios. La discusión preliminar de las tres distintas modalidades de recuperación —la vía capitalista, la vía campesina y el desarrollo autogestionado— da lugar, en el sexto y último capítulo, a una discusión, incompleta y preliminar, de los problemas, las propuestas y las perspectivas emergentes.

Arqueología, tecnología y desarrollo

> El desarrollo desarrolla la desigualdad [...]
>
> Eduardo Galeano ([1971]1994: 5)

En las primeras páginas de *Las venas abiertas de América Latina*, una aliteración de Eduardo Galeano ([1971]1994) juega con dos significados opuestos, pero usuales ambos, del concepto de "desarrollo". Invierte la noción economicista de "evolución progresiva de una economía hacia mejores niveles de vida", anclada en el Diccionario de la Real Academia Española, desde una postura crítica frente al desenvolvimiento de la desigualdad como algo preformado e intrínseco al proceso histórico de la modernidad. El trasfondo es la inserción colonial, y luego imperial, de América Latina como un espacio subalterno en el mercado mundial, iniciada hace poco más de quinientos años.

La evolución del desarrollo

Las actuales críticas al desarrollo son acaso más duras y más sofisticadas que hace tres décadas, en cuanto tienden a cuestionar las políticas de desarrollo como parte del proceso de globalización en su conjunto, entendido como la expansión del modelo económico y la ideología del capitalismo librecambista (Berman, 1989; Escobar, 1995; Sen, 2000). Sin embargo, los críticos no han logrado mostrar salidas claras del centenario entrampamiento. En parte, esto se debe a que mantienen la teleología implícita en la acepción de 'desenvolver', vinculada a una metáfora orgánica, que sugiere la existencia de algo preformado —envuelto o enrollado— que alguien o algo debe desenrollar para que así logre crecer y desarrollarse naturalmente. Nuestra revisión de estas críticas no pretende ser una "arqueología del desarrollo" (Agrawal, 2002). Deseamos, más bien, mostrar los caminos por los que podría perderse una bien intencionada arqueología *para* el desarrollo, antes de abordar la recuperación de tecnologías indígenas como un posible camino para profundizar y ampliar las libertades de individuos latinoamericanos, específicamente, del campesinado andino. Es decir, mostrar las vicisitudes de un desarrollo en el sentido propugnado por Sen (*vide infra*).

Desde la perspectiva económica occidental, el desarrollo, concebido inicialmente como crecimiento económico puro —el desarrollo de las fuerzas productivas planteado por Karl Marx como eje fundamental de la historia humana—, ha recibido numerosos calificativos, que buscan responder a las múltiples críticas de índices nacionales de desarrollo basados primordialmente en la medición de ingresos medios per cápita, el crecimiento del producto interno bruto (PIB), la balanza comercial o el nivel de industrialización de un país o una región. El ineludible vínculo entre desarrollo y pobreza trae a colación el complejo problema de la definición. ¿Qué significa, entonces, desarrollo?

El blanco ineludible de las más agudas posturas críticas frente al desarrollo es la noción de sub-desarrollo expresada en 1949 por el presidente norteamericano Harry S. Truman (1884-1972), entonces líder del Partido Demócrata. Según Gustavo Esteva (1992: 7), con el discurso de toma de mando del 20 de enero de ese año, dos mil millones de personas dejaron de ser lo que eran, para convertirse en un perverso reflejo de la realidad de una poderosa y homogeneizadora minoría. Sesenta años más tarde, el faro del desarrollo, erigido por los vencedores sobre el montón de ruinas legado por la Segunda Guerra Mundial, continúa mostrando un camino que muchos declaran equivocado, por considerarlo "el marco de referencia fundamental para aquella mezcla de generosidad, chantaje y opresión que ha caracterizado las políticas hacia el Sur" (Sachs, 1991: 1). El que se pretenda vender la fumigación en bosques tropicales con glifosato, herbicidas y hongos como ayuda para el desarrollo —en el marco del Plan Colombia— es un ejemplo que tiende a darles la razón a quienes ven una sofisticada mentira en la estructura de ideas que el "desarrollo" trumaniano ejemplifica, y que debemos tirar por la borda; no sólo como concepto, sino como una manera de pensar la historia que aún no se ha escrito, es decir, las representaciones del futuro.

Dos de las maneras más influyentes de medir o indexar el desarrollo en la actualidad se hallan encapsuladas en los términos desarrollo social y desarrollo sostenible. El desarrollo social es un término forjado en reportes de la ONU durante la llamada década del desarrollo (1960-1970), en respuesta a la arbitraria separación conceptual de lo social y lo económico durante la década de 1950. Apunta a la necesidad de armonizar el planeamiento económico y social, pero ha dado lugar, en la práctica, a la difundida idea de que el desarrollo social implica —o se reduce a— reinvertir eventuales ganancias de una primera fase del desarrollo en ámbitos sociales —salud, educación y seguridad social, por ejemplo— en el futuro cercano. El desarrollo sostenible, en cambio, es un término ambiguo, intencionalmente según algunos observadores, con dos acepciones claramente contrapuestas. Por un lado, recoge preocupaciones ecologistas planteadas desde las décadas de 1960 y 1970, en cuanto implica que "[...] satisface las necesidades de la generación presente sin comprometer la capacidad de las generaciones futuras para satisfacer sus propias necesidades" (Brundtland, 1988: 67), y es en ese sentido que la recoge la Declaración de Río de Janeiro sobre el Medio Ambiente y el Desarrollo de 1992. Por otro lado, sugiere la sustentabilidad del desarrollo per se, es decir, la necesidad de que el desarrollo genere más desarrollo. Esta ambigüedad prevalente en las diferentes acepciones utilizadas es la que permite los espacios para el lucrativo negocio del desarrollo. Este negocio multimillonario gira alrededor de la compra, venta y financiación de servicios en el mercado capitalista, principalmente de asistencia técnica. En él participan agentes financieros como el Banco Mundial y el Banco Interamericano de Desarrollo, agentes políticos como los gobiernos nacionales y regionales y un mar de organizaciones no gubernamentales de desarrollo (ONGD).

Múltiples esfuerzos por reformar el desarrollo se han inspirado en el "intento de concebir el desarrollo como un proceso de expansión de las libertades de que disfrutan los individuos" del economista bengalí Amartya Sen (2000: 55). Se trata de ejercicios econométricos que integran valores fundamentales, sin anexarlos o postergarlos como extras. Así, el Programa de las Naciones Unidas para el Desarrollo (PNUD) elabora desde hace casi dos décadas el Índice de Desarrollo Humano (IDH), una medida por país que integra la esperanza de vida, las tasas de alfabetización y de matrícula en instituciones educativas (primaria, secundaria y superior) y el nivel de vida digno, medido en términos del PIB per cápita, en dólares norteamericanos. Este último punto es quizás el talón de Aquiles de la influyente posición minoritaria y reformista de Sen, así como la montaña de críticas y escasez de propuestas lo son para los llamados posdesarrollistas.

Todo pareciera indicar que el desarrollo debe ser desenmascarado como una extensión actual de la lógica colonial y el sistema de explotación mundial que continúa profundizando la brecha entre pobres y ricos. Sin embargo, la ONU mantiene muy en alto la noción, no sólo en el prólogo a la Declaración Universal de los Derechos Humanos de 1948 sino en programas en curso y nuevos, incluidos tratados como el Protocolo de Kioto y la Convención Marco de las Naciones Unidas sobre el Cambio Climático de 1997 (ONU, 1998). El Fondo Internacional para el Desarrollo Agrícola de las Naciones Unidas es de particular interés en este sentido, pues especifica entre sus objetivos la recuperación de tecnologías tradicionales.

¿Acaso es contraproducente la inversión de miles de millones de dólares anuales para enfrentar la pobreza mediante proyectos que generen desarrollo? Esta pregunta no puede ser abordada cabalmente en este texto, y el lector interesado deberá consultar las referencias citadas. Pero, de ser así, ¿cómo pensar en la recuperación de tecnologías indígenas a partir del conocimiento arqueológico y los saberes tradicionales de comunidades indígenas y campesinas sin caer en contingencias que perpetúan las condiciones objetivas para la expansión y profundización de la explotación, por encima del respeto por el patrimonio cultural y la dignidad de las identidades indígenas y campesinas?

El camino que exploramos aquí parte de la inconmensurabilidad de las economías de subsistencia, fundamento de la trayectoria histórica de la humanidad, y las economías de mercado modernas. La crítica de Karl Polanyi (2003) a los modelos capitalistas —de mercado y de Estado, por igual— parte del reconocimiento de que los mercados libres son un invento reciente y único, una construcción social históricamente ligada al proyecto de la modernidad impulsada por influyentes sectores de la burguesía mercantil europea desde fines del siglo XVIII.

Tecnología y sociedad

Los múltiples y complejos vínculos entre la tecnología y la sociedad son el objeto de estudio central de una disciplina académica particular: los estudios de la ciencia, la tecnología y la sociedad (ECTS), también llamados estudios en ciencia y tecnología o STS, por su sigla en inglés (Science and Technology Studies). Los ECTS son un campo interdisciplinario emergente que nace como un componente interno, ético y crítico de las ciencias tecnológicas, como el diseño industrial, las ingenierías y las ciencias de la salud. Numerosos observatorios, centros de investigación y grupos de trabajo reconocen que la tecnología moderna, entendida a priori como un medio clave para asegurar el bienestar de la humanidad, no siempre impacta en la sociedad de manera benéfica. Por ello, los ECTS centran su atención crítica sobre la función en la sociedad de diferentes tecnologías, sistemas o procesos tecnológicos, a partir del reconocimiento que la tecnología es una construcción social anclada a un contexto humano (cf. Cutcliffe, 1990).

En este acápite buscamos mostrar cómo los ECTS conceptúan los vínculos entre tecnología y sociedad. Necesariamente breve, la exposición busca poner de relieve dos temas disímiles: la influencia de la tecnología sobre la manera de percibir y experimentar el mundo, y la relación entre la toma de decisiones y el conocimiento científico.[1] El primero se vincula a la extensión de la teoría de actor-red o actor-*network theory* (v. gr., Callon, 1986; Latour, 2005), clave para la gran mayoría de ECTS recientes. Desde esta perspectiva, se podría definir la tecnología como las redes de actores que la constituyen, incluidos humanos, objetos y signos. Los artefactos median la relación entre los seres humanos y sus mundos de vida y experiencia. Este enfoque en la materialidad de la tecnología, de particular utilidad para la arqueología, se sobrepone a la idea que todo artefacto tiene un guión o libreto inherente, implícito pero significativo, que abarca sus aspectos estéticos, simbólicos e, incluso —o ante todo—, morales.

En un nivel general, el concepto de guión usado para describir secuencias de acciones se vincula cercanamente al funcionalismo, teoría social de largo arraigo, más preocupada por la manera en que funcionan las cosas, que por las razones de que esto sea así o por el análisis de los posibles intereses detrás de ciertas funciones. El funcionalista buscará explotar las ventajas de la tecnología de manera eficiente, y no es raro hallar llamados a reorganizar las estructuras sociales —de una empresa, comunidad, región o, incluso, un país—, para optimizar el aprovechamiento de tal o cual tecnología, anteponiendo así los intereses políticos

1 El punto de partida fue la revisión de una muestra inicial de 17 estudios publicados desde el año 2000 en *Science Technology and Human Values*, revista líder en el campo de los ECTS. La muestra se eligió a partir de los títulos y su relevancia para esta investigación, y no pretende ser exhaustiva.

institucionales. Entre los ECTS recientes, sin embargo, se aprecia una tendencia a distanciarse del legado funcionalista, a la vez que un acercamiento, o bien a posturas idealistas y subjetivistas ancladas en el humanismo, o al materialismo crítico y relacional.

La perspectiva fenomenológica hacia la materialización de la moral de Peter-Paul Verbeek (2006), basada en la filosofía de Martin Heidegger, es de particular interés en este sentido. "El fenómeno de la mediación tecnológica [al nivel de la experiencia y la práctica] crea una responsabilidad específica para los diseñadores" (Verbeek, 2006: 368), en cuanto abre la posibilidad de diferenciar el buen uso del mal uso, y el buen diseño, del malo. Un plato desechable, por ejemplo, lleva implícito en su guión una decisión ética que privilegia la comodidad de un breve —y único— contexto de uso delimitado por la compra y el descarte. Así, separa y relega los procesos previos de producción y distribución, así como la posterior recolección, transporte y enterramiento o quema de la basura. Este guión de uso es radicalmente distinto a aquel de una vajilla de loza que reclama labores repetitivas, como el lavado, el secado y el almacenamiento, que dan lugar a una relación muy distinta entre objeto y sujeto.

En un nivel más específico, el enfoque en el contexto de uso tiende a reducir y, por ende, a simplificar el contexto social de la tecnología. Así, al privilegiar el estudio de la producción y el uso, se dejan de lado los contextos sociales de la producción, la distribución, el consumo y el descarte, así como los significados cambiantes de los objetos, es decir, las tradiciones de pensamiento en que se inscriben. Los protagonistas de estos "dramas tecnológicos" (cf. Pfaffenberger, 1992*b*) serían los diseñadores y consumidores de la tecnología. Sin embargo, esta distinción analítica desliga al diseñador del consumidor, como si no formaran parte de una misma sociedad. Al hacerlo, recrea aquella división del trabajo alienante que caracteriza a las sociedades capitalistas. El filtro analítico que preferencia las relaciones entre diseñadores y consumidores mediados por el mercado difícilmente es aplicable a sociedades tradicionales, y mucho menos en los Andes centrales, donde la institución mercantil se impuso durante la colonia,[2] alterando el curso de la historia indígena de la domesticación del paisaje.

[2] No cabe repasar el debate en torno a la existencia de mercados en el área andina antes de la colonia —entre los etnohistoriadores John Víctor Murra y Roswith Hartman, principalmente—;

Para superar las limitaciones del uso del concepto de guión en el campo descriptivo, se ha buscando su aplicación en el campo normativo, es decir, en las normas inherentes a un objeto o tecnología, la manera en que nos "obligan" a proceder de cierto modo. El impacto del reloj mecánico y el ferrocarril, por ejemplo, pueden pensarse en términos de cómo han afectado la forma y la estructura de pensamiento. Es interesante resaltar en este contexto la conclusión a la que llegan Fuller y Collier (2004: 191-192), en tanto sugieren que las tecnologías no moldean el contenido de lo pensable.

El estudio de los aspectos sociales de la tecnología a partir del concepto de guión es comparable en muchos aspectos al estudio arqueológico de los eslabones que conforman las cadenas operativas o *chaînes opératoires* de producción de artefactos, de cerámica o piedra por ejemplo (cf. Schlager, 1994). Éste y otros acercamientos a los aspectos normativos de la tecnología, en su relación entre sujetos y objetos, se vinculan al concepto de estilo (véanse, entre otros, Sackett, 1977; Conkey y Hastorf, 1990). Visto desde una perspectiva funcional, según la cual la cultura funciona de manera análoga a un organismo, el estilo hace parte tanto de la morfología como de la fisiología de una sociedad. Dicho de otra manera, el estilo vincula los comportamientos asociados a una interfaz material entre subsistemas culturales (cf. Kohl, 1981). Sin embargo, el concepto de guión se enfoca en el diseñador, quien debe ser anticipatorio de la acción social, dado que la acción de diseñar prescribe comportamientos con repercusiones éticas y morales (*vide supra*). Pensar en el impacto social de una tecnología desde los ECTS implica, entonces, distinguir la finalidad y los efectos sobre la comunidad moral; en otras palabras, incluir las "externalidades" —los aspectos ecológicos y sociales negativos— en las consideraciones de diseño.

Para el caso de las tecnologías agrícolas antiguas, entonces, es necesario ir más allá de los objetos y de los sujetos y enfocar la comunidad creadora como una totalidad que abarca tanto sujetos individuales —históricos, políticos y culturales— como lugares y paisajes cargados de significados, ambos inmersos en trayectorias históricas específicas. Para comparar el pasado y el presente en este contexto, es útil señalar los trabajos etnográficos de la tecnología moderna que

los trabajos de Frank Salomon (v. gr., 1985, 1986) han permitido aclarar la distribución de las diferentes formas de redistribución e intercambio de bienes en el siglo XVI.

Latour (1996) hiciera sobre el proyecto de transporte masivo Aramis. En esta "novela policial" enfoca la labor interactiva y situada de los inventores, diseñadores, políticos, agentes de prensa en torno a tecnologías inexistentes, como la de una comunidad. El comportamiento de los actores y la estructura de las redes en que se insertan las tecnologías tradicionales y del pasado, sin embargo, difícilmente pueden desligarse de las epistemologías indígenas. Además, el estudio de la tecnología en términos de redes y actores tiende a resaltar temporalidades cortas, menospreciando la profundidad histórica. Esto último es comprensible, en vista de que el campo de STS en los Estados Unidos cumplió diez años en 2009 (Cutcliffe, 1990: 360).

Finalmente, deseamos resaltar muy brevemente un aspecto puntual de una amplia temática de creciente importancia en los ECTS: la relación entre la toma de decisiones institucionales —políticas y económicas— y el conocimiento científico. En su forma de investigación o ciencia aplicada al desarrollo, es de particular relevancia para la recuperación de tecnologías indígenas y la arqueología aplicada. En el contexto de la industria moderna, hace referencia al acercamiento entre la producción de conocimiento y la producción de productos o procesos, principalmente, entre la industria y las universidades. Para el caso de los conocimientos ancestrales o, incluso, rescatados por la arqueología, sin embargo, el uso de recursos institucionales para recuperar tecnologías indígenas trae a colación los derechos intelectuales sobre conocimientos producidos en el pasado[3] (cf. Hollowell y Nicholas, 2008) y, más aún, pone de relieve los derechos de uso y propiedad sobre la tierra y el agua.

[3] Se trata de un tema que urge debatir ampliamente para facilitar señalar las líneas divisorias entre lo que constituye un uso ético y justo, y la explotación indebida y comercial de conocimientos, arte, tecnologías y tradiciones ajenas en casos y contextos específicos. La patente número 5751 de la Oficina de Patentes y Registro de Marcas de Estados Unidos del 17 de junio de 1984 sobre el *ayahuasca* (también *Yagé* o *Caapi* - *Banisteriopsis caapi*) constituye tan sólo el más sonado antecedente de piratería (bio)cultural en América del Sur.

Tecnologías, técnicas y saberes

Difícilmente puede hallarse un mejor ejemplo, reciente y andino, de una promesa de progreso mediada por el mito de la tecnología que el uso de un tractor como símbolo electoral por parte del ingeniero agrónomo y ex presidente del Perú, Alberto Fujimori Fujimori. La fuerza del lema electoral "Honradez, tecnología y trabajo" se basaba en una visión determinista de la tecnología acorde con la cosmología de la máquina: los tractores —símbolos de modernidad a la par de los ferrocarriles del siglo XIX—, ineluctablemente, transformarán la sociedad para bien. Efectivamente, el gobierno fujimorista dio un giro sin precedentes a la historia económica del Perú, con repercusiones a largo plazo que apuntan a una creciente industrialización y mecanización de las labores agrícolas, la concomitante aceleración de los procesos de proletarización del campesinado, el retroceso de los cultivos autóctonos y el abandono del apoyo estatal en pro de las tecnologías tradicionales.

En la usanza vernácula actual, moldeada por la propaganda difundida en los medios de comunicación masiva, la palabra tecnología se refiere a un rango limitado de máquinas que a la vez son bienes de consumo y estatus, entre ellos, los teléfonos celulares, reproductores de música y computadores personales en el nivel individual, y los trenes bala, satélites y misiles balísticos, en el caso de los Estados nacionales. Hoy, los propulsores de las llamadas neotecnologías propugnan y alimentan creencias y esperanzas colectivas en torno a un mayor control y mejor calidad de vida. Un reciente análisis de su imaginario (Cabrera, 2006) muestra, por ejemplo, cómo sus representaciones giran más alrededor de etéreas promesas de bienestar que en torno a soluciones técnicas reales de problemas concretos.

Desde la antropología, la tecnología no es un agente externo a la socialidad humana, sino un aspecto de la práctica social y cultural enmarcado en redes de relaciones sociales que se extienden a personas, a la vez que involucran objetos y paisajes, todos ellos cargados de significado. No se trata de una simple relación entre un *hardware* tecnológico y un *software* cultural. La tecnología implica un conjunto de prácticas encajado en redes sociales tejidas alrededor de objetos, lugares en el paisaje y saberes culturales específicos. Esta definición permite enfocar los divergentes saberes y capacidades de individuos, comunidades y agencias de desarrollo, a la vez que 'desfetichizar' las nociones de tecnología tejidas alrededor de técnicas u objetos científicos, plasmadas por la Real Academia Española.[4]

Un argumento central de este libro es que el recurrente fracaso de los múltiples proyectos de desarrollo enfocados en la recuperación de tecnologías tradicionales y ancestrales se debe principalmente a una visión de la tecnología como algo neutral y externo a la sociedad. Pfaffenberger (1988) ha caracterizado esta actitud como la de un sonámbulo, ya que, como aquel que camina dormido, la sociedad avanza de la mano de la tecnología pero soñándola, guiándose sin cuestionamientos de aquella visión estándar que caracteriza el pensamiento moderno de Occidente. Entender la tecnología como un conjunto de objetos, máquinas y técnicas evaluados en términos de su eficacia deja de lado su inserción en sistemas de significación simbólica de los procesos mentales que subyacen y dirigen nuestras acciones sobre el mundo material (Lemonnier, 1993). Niega, en última instancia, las implicancias de la tecnología en las esferas política, económica, legal y religiosa, y el rol estructurante de las prácticas tecnológicas para las identidades individuales y colectivas: las escogencias tecnológicas de Pierre Lemonnier (1993).

A lo largo del siglo XX la antropología desarrolló dos enfoques principales para el estudio de la tecnología: el determinismo y el posibilismo (Ingold, 1997). El primero, cercanamente asociado al evolucionismo social de teóricos como Leslie White, Marvin Harris y Karl August Wittfogel, propone que la tendencia de la evolución tecnológica de lo simple a lo complejo —de la punta de piedra a la flecha, la bala y el misil nuclear— va de la mano con la complejización de las instituciones sociales, debido a las demandas impuestas a la sociedad por los sistemas tecnológicos. Bajo este enfoque, todo cambio social trascendente es producto de un cambio tecnológico, medible por la captación de energía que favorece la adaptación al medio de los sistemas sociales de manera acumulativa. La invención o adopción de la agricultura de irrigación por gravedad, por ejemplo, tendría como consecuencia una jerarquización de la sociedad, llegando incluso al surgimiento de clases sociales. El problema reside en pensar que la tecnología se desarrolla de manera autónoma, desligada de la sociedad.

[4] Conjunto de teorías y de técnicas que permiten el aprovechamiento práctico del conocimiento científico. Conjunto de los instrumentos y procedimientos industriales de un determinado sector o producto (DRAE, edición 22).

El posibilismo tecnológico en cambio, asociado al relativismo cultural de antropólogos como Franz Boas, Alfred Kroeber, Ruth Benedict y Clifford Geertz, sostiene que no hay correlación necesaria alguna entre las complejidades tecnológica y social. Las tecnologías son simplemente productos de la acción humana que debemos entender en el contexto específico de la sociedad que desarrolló cada una en particular. La adopción de tal o cual tecnología por una sociedad determinada facilitará ciertos procesos y actividades —acaso posibilitando el desarrollo de otros procesos y actividades—, sin que las evoluciones social y tecnológica necesariamente vayan juntas en alguna dirección determinada. Así, la cultura material de Occidente es compleja en su funcionamiento mecánico y, por lo general, no requiere mayor destreza corporal, mientras que su sistema de parentesco es simple. En cambio, los grupos remanentes de cazadores-recolectores en la Amazonía tienen una cultura material simple que requiere técnicas corporales desarrolladas para su manejo, a la vez que sistemas de parentesco complejos.

El determinismo y posibilismo tecnológicos tienen en común, sin embargo, dos supuestos base. En primer lugar, la tecnología se concibe como un sistema de relaciones objetivo, ubicado fuera del ámbito de lo social, y en segundo lugar, es posible ordenar las tecnologías en una cadena evolutiva de lo simple a lo complejo. La externalización de la tecnología, su colocación fuera de la sociedad, se basa en construcciones ideológicas vinculadas al surgimiento del capitalismo de mercado, lo que Ingold (1997: 107-108, 118-132) ha llamado la cosmología de la máquina (*machine theoretical cosmology*), noción similar a la "lógica del industrialismo" de Alf Hornborg (1992) y a la "mitología de la tecnología" de Bryan Pfaffenberger (1988). Al igual que lo económico, la categoría de lo tecnológico es un producto conceptual reciente e históricamente situado. Su progresiva separación de las redes de lazos sociales en que se inserta en sociedades tradicionales es tan sólo aparente. Encubre la transformación de la institucionalidad social a favor de las fuerzas del mercado. En otras palabras, los lazos sociales de la tecnología no se rompen sino que se transforman en detrimento de las escalas locales de integración social (comunidades y grupos étnicos) y a favor de instituciones reguladoras o reguladas por el mercado, es decir, los mercados nacionales globalizados. La existencia objetiva y externa a la sociedad de algo llamado tecnología es altamente dudosa, acaso imposible. Representa, más bien, uno de los mitos centrales de la modernidad (cf. Misa et ál., 2003). Este mito, sin embargo, no es solamente un aspecto de la fetichización de mercancías. Su análisis ofrece a la vez claves para entender las dimensiones políticas, económicas, sociales e, incluso, religiosas implícitas en la noción de aplicar tecnologías en el contexto de proyectos de desarrollo.

Desde la perspectiva antropológica, el ordenamiento jerárquico de las tecnologías no es otra cosa que una descripción del proceso mismo de externalización (Ingold, 1997: 107-108). Así, el tractor es superior al arado de tracción, y éste, a su vez, superior al arado de pie, sólo en términos de su eficiencia y beneficio *económicos*, es decir, de su mayor cercanía al modelo social y económico industrial capitalista. En términos de la sostenibilidad a largo plazo de la productividad del suelo para la producción agropecuaria en el altiplano del Titicaca, por ejemplo, la superioridad del arado de pie es demostrable (Canahua et ál., 2002). Sin embargo, la narrativa maestra de la modernidad, anclada en la cosmología de la máquina, impone la valoración de las otras tecnologías en sus propios términos.

Para trascender la mitología de la 'visión estándar' de la tecnología —aquella que aduce que la necesidad es la madre de la invención, que el significado de un artefacto es una cuestión superficial de estilo y que la historia de la tecnología es una progresión unilineal de las herramientas a las máquinas—, llegar a comprender la importancia histórica de las actividades tecnológicas y reconocer lo auténticamente humano en las diversas actividades tecnológicas es necesario, según Bryan Pfaffenberger (1988), dejar la mitología de lado y analizar sistemas sociotécnicos. El concepto de sistema sociotécnico (Pfaffenberger, 1988: 508) apunta a una concepción universal de la actividad tecnológica, en la que las estructuras sociales complejas, los sistemas de actividades no verbales, la comunicación lingüística avanzada, los actores sociales y no sociales, y el uso social de los artefactos son reconocidos como partes de un complejo simultáneamente adaptativo y expresivo. Si bien es cierto que el sistema sociotécnico de la "era de las máquinas" difiere de sus predecesores preindustriales, las diferencias han sido exageradas. No se trata de diferencias sustanciales, sino más bien de diferencias contextuales.

Los acercamientos arqueológicos recientes al problema de la tecnología se han centrado en su materialidad, específicamente, en las escogencias tecnológicas que median entre lo material y lo cognitivo (i. e., Lemonnier, 1993; Sillar y Tite, 2000). El estudio de técnicas de manufactura de cerámica o herramientas de piedra, por ejemplo, ha trascendido la separación estricta y metodológica entre forma y función, por un lado, y estilo y significado, por el otro (cf. Sackett, 1977; Conkey y Hastorf, 1990). El estudio de la materialidad reconoce que no todas las sociedades sostienen la separación conceptual entre saber y hacer —*sapiens* y *faber*— que caracteriza el pensamiento occidental, al menos desde el proyecto filosófico de René Descartes, a mediados del siglo XVII. La separación entre los procesos mentales vinculados a la intencionalidad de un diseño —la teoría abstracta del saber— y su ejecución —el despliegue del conocimiento práctico— no es universal. Es una variable cultural.

En el caso de proyectos de recuperación de tecnologías, la separación entre el saber y el hacer se replica en aquella división estratégica del trabajo que sostiene las diferencias sociales. El trabajo intelectual es realizado por académicos y técnicos con formación universitaria, y el trabajo práctico, manual y físico, por trabajadores y campesinos. La jerarquización de estas labores, producto de esa misma división social del trabajo, implica una situación perniciosa que no sólo reproduce las diferencias sociales, sino que puede profundizarlas. No sorprenden, entonces, la diversidad y fuerza de las estrategias de resistencia campesina ante la imposición de tecnologías agrícolas complejas.[5]

Si, en cambio, entendemos la separación cartesiana entre el *sapiens* y el *faber* como una estrategia heurística, podemos explorar el saber hacer campesino —del pasado y el presente— como una visión integral de conocimiento abstracto, contextual y práctico, y como una expresión de su identidad. El manejo de la variabilidad temporal de múltiples ciclos estacionales y de la diversidad espacial y agroclimática requiere una gama de estrategias de previsión del clima, de coordinación táctica y representación simbólica. Desde esta perspectiva, la tecnología no es un cuerpo de conocimiento acerca de objetos o técnicas para hacer algo de manera más rápida o eficiente. Se trata, más bien, de los vínculos sociales tejidos alrededor de objetos, paisajes y prácticas que les dan significado, condicionan su uso productivo y justifican su configuración cultural. Por ello, es de especial

[5] Las tensiones entre campesinos comuneros en San Juan de Azángaro y los ingenieros de la Administración Técnica de Riego del Ministerio de Agricultura, que han ocasionado enfrentamientos en repetidas ocasiones (Alipio Canahua, comunicación personal, septiembre de 2007), y la resistencia —incluso con dinamita— al trasvase del río Colca para la irrigación Majes (Gelles, 2002) son tan sólo dos de muchos posibles ejemplos recientes de Perú.

interés para la arqueología entender las tecnologías antiguas y comparar los lazos sociales surgidos alrededor de técnicas y objetos en el pasado con las nuevas prácticas y lazos sociales forjados alrededor de la materialidad ancestral en el presente. La hazaña histórica del efímero Estado Inca no fueron las conquistas bélicas, ni los monumentos, ni el sistema de caminos, ni las terrazas u objetos suntuarios. Pese a las innegables proezas técnicas inherentes a la manufactura de ciertos objetos de piedra, metal y fibra, las tecnologías andinas generalmente no se caracterizan por su complejidad tecnomecánica. Más bien, las tecnologías andinas se caracterizan por su capacidad de coordinar y sincronizar en el tiempo y el espacio la realización de tareas complementarias muy diversas, labores en las que participaban cientos, miles y hasta millones de personas a lo largo y ancho de un espacio ecológico megadiverso de decenas de miles de kilómetros cuadrados (Earls, 1982, 2005).

La irrupción de la Conquista trastoca profundamente los sistemas de producción andinos. Antes de la colonización europea, "la producción [agrícola] por unidad de terreno fue mayor que la actual [...], el consumo por cabeza fue mayor y más equitativo, y mucho más eficiente el sistema distributivo" (Earls, 1989: 12). El colapso poblacional, la introducción de nuevos animales y plantas, la reubicación forzosa de la población y la introducción de un régimen jurídico occidental hicieron imposible mantener en pie los sofisticados sistemas de manejo hidráulico, de selección de semillas y animales, y de transmisión de conocimientos especializados. Sin embargo, los sistemas de conocimiento andinos han sido propuestos en las últimas décadas en diferentes lugares por numerosos investigadores como una "alternativa endógena de desarrollo" (Restrepo, 2004: 14). Si bien compartimos esta visión, la negación romántica de las profundas discontinuidades históricas constituye un obstáculo serio.

Numerosos investigadores han estudiado y comentado aspectos característicos del pensamiento andino: la concepción cíclica del tiempo, el aprovechamiento del espacio mediante enclaves de producción discontinuos, los esquemas de estructuración conceptual basados en opuestos complementarios, los sistemas de parentesco y la conceptualización de la naturaleza como un ente viviente, entre otros.[6] Tienden a concordar en que la desestructuración de los sistemas antiguos va de la mano con una reestructuración perenne. Las perspectivas esencialistas y ahistóricas son dudosas y reductivas en el mejor de los casos, erróneas y homogeneizadoras en el peor. La capacidad de las comunidades andinas actuales de recrear y reinventarse constantemente —tanto en fiestas y rituales como en el ámbito político— actualiza un pasado fluido, constituyendo un reto para la antropología. Son aún escasos los investigadores que han estudiado a fondo la riqueza de conocimientos tradicionales en torno a la previsión del clima (i. e., Antúnez de Mayolo, 2004), la microclimatología (i. e., Earls, 1986), la edafología (i. e., Sandor y Furbee, 1996) y las taxonomías botánicas y zoológicas (i. e., Tapia, 1994) andinas tradicionales.[7]

Los saberes andinos actuales forman parte de estrategias de subsistencia campesinas, inmersas en formas tradicionales de organización social. Los marcos de referencia para el actuar campesino son, a su vez, el producto de procesos históricos dinámicos y complejos anclados a lugares e historias específicos. Un problema central de los rescates tecnológicos impulsados desde arriba por los diferentes agentes de desarrollo es que han buscado implantarlos a partir de la idea de un guión o libreto técnico (*vide supra*). De esta manera —por cierto, autoritaria—, han desconocido no sólo los aspectos sociales e históricos de la tecnología en el ámbito local, sino también las capacidades de creación e invención de los actores campesinos. Como veremos más adelante, las recuperaciones desde abajo y a pequeña escala —cercana a la vía campesina de Gonzales de Olarte y Trivelli (1999)— tienden a ser más silenciosas y efectivas; a tal punto, que la revista norteamericana *Newsweek* llegara a resaltar, en primera plana, el manejo campesino de la agrobiodiversidad andina como estrategia para enfrentar el cambio climático (Conger, 2008; cf. Gutiérrez, 2008).

6 Ante una multitud de trabajos, baste destacar aquí algunos autores influyentes como Marisol de la Cadena, Carmen Escalante, César Fonseca, Paul Gelles, Jürgen Golte, Enrique Mayer, John Victor Murra, María Rostworowski, Franklin Pease, Tristan Platt, Gary Urton, Ricardo Valderrama, Nathan Wachtel y Rainer Zuidema.

7 Una parte importante de estos trabajos se cita en el sobresaliente libro editado por Pierre Morlon *Comprender la agricultura campesina en los Andes centrales* (1996); otra la constituyen las tesis y los trabajos de investigación en universidades regionales, de poca difusión y difícil acceso.

Arqueología y tecnología

La arqueología, entendida como una disciplina académica especializada en el estudio de la cultura material del pasado, ha desarrollado un profundo entendimiento de las diversas tecnologías desarrolladas por los seres humanos a lo largo de su historia. La manera de abordar el estudio de la tecnología, sin embargo, se ha discutido, en buena medida, en el campo de la antropología. Así, la teoría del don como prestación total de Marcel Mauss (1970) incide sustancialmente en el carácter mágico de los objetos, acaso de una manera más elocuente que el análisis de la mercancía de Karl Marx (Godelier, 1998).

Lo primero que hay que resaltar es la insuficiencia del tratamiento antropológico de la tecnología (Dobres y Hoffmann, 1999; Lemonnier, 1993; Pfaffenberger, 1988, 1992*a*, 1992*b*; Hornborg, 1992; Ingold, 1997); tendencia que la emergente arqueología cognitiva busca revertir. Existen tres tendencias básicas para enfocar el tratamiento antropológico de la tecnología. En el determinismo tecnológico se privilegia la idea que todo cambio social es producto de un cambio tecnológico, y se asume que la tecnología evoluciona de manera autónoma (Pfaffenberger, 1988, 1992*a*; Hornborg, 1992; cf. Taks y Foladori, 2002). Esta perspectiva permea la obra de Vere Gordon Childe, se halla ejemplificada en la hipótesis hidráulica de Karl Wittfogel y ha sido muy influyente en la arqueología social latinoamericana. El sonambulismo tecnológico, en cambio, propone —grosso modo— que la tecnología "no es buena ni mala, todo depende del uso que se le dé". El vínculo entre las relaciones sociales, las técnicas y las herramientas no reviste mayor interés investigativo. En tercer lugar está el posibilismo tecnológico, la perspectiva que considera que la tecnología es un producto de las elecciones humanas, sin consecuencias inmediatamente previsibles.

El determinismo y sonambulismo, por lo general, se entremezclan en lo que Pfaffenberger denomina la visión estándar de la tecnología. Ésta forma parte constitutiva del pensamiento occidental sobre el desarrollo de la tecnología y la economía a partir de la 'cosmología de la máquina'. Recordemos los recurrentes intentos actuales —de amplia cobertura mediática— de buscar en las máquinas (la nanotecnología, las neotecnologías cibernéticas, la biotecnología, etc.) respuestas a los problemas mundiales de alimentación, salud e, incluso, cambio climático. De esta manera, algunos comentaristas han visto una transición global en la visión del futuro de la humanidad, articulada, inicialmente, por la fe en Dios (cristianismo), y luego por la fe en los seres humanos (marxismo, liberalismo), la cual estaría siendo reemplazada por la fe en la tecnología (Climent, 1999: 62).

La diferenciación y la relación entre las acciones materiales y la mente en acción no son triviales. Según la visión estándar, la tecnología antecede a la cultura material, es decir, se basa en la idea de diseño o —dicho de otro modo— la intención de cambiar lo existente según un ideal mental. Esta división entre saber y hacer —*sapiens* y *faber*— refleja la idea occidental de la relación entre el trabajo intelectual y el trabajo manual: el *saber* ligado a la teoría abstracta, y el *hacer* vinculado al conocimiento práctico. La superioridad del trabajo intelectual es un prejuicio etnocéntrico que forma parte del bagaje cultural de Occidente.

El posibilismo, en cambio, reconoce múltiples capas de intencionalidad. El investigador debe hacer a un lado la mitología de la "visión estándar", según la cual la necesidad es la madre de la invención; el significado de un artefacto es una cuestión superficial de estilo; y la "historia de la tecnología es una progresión unilineal de las herramientas a las máquinas", para comprender el impacto histórico de las actividades tecnológicas, y para reconocer lo auténticamente humano en diversas actividades tecnológicas (Pfaffenberger, 1992*a* pássim). La producción de cosas (objetos, materia) y la producción de significados son simultáneas, el resultado de escogencias tecnológicas (Lemonnier, 1993). Heather Lechtman (1978, 1999, 2007) ha resaltado este punto en sus estudios de las tecnologías metalúrgicas andinas, mostrando como éstas se hallan supeditadas a la elección consciente de colores y plasticidad, que reflejan categorías culturales propias, etnocategorías sui géneris. En palabras de Marcel Mauss: "En el arte práctico, el hombre hace retroceder sus límites. [...] Crea y al mismo tiempo se crea a sí mismo. Crea, a la vez que sus medios de subsistencia, cosas puramente humanas, y su pensamiento queda grabado en estas cosas. Aquí es donde se elabora la verdadera razón práctica" (1972: 120).

Desarrollo y arqueología

El trasfondo de mi preocupación por el vínculo entre arqueología y desarrollo está marcado por el asombro; en primer lugar, ante el potencial productivo que atestiguan los paisajes culturales en desuso; y, en segundo lugar, por el limitado impacto de la recuperación de las tecnologías productivas andinas, especialmente de los proyectos de desarrollo basados en la aplicación de tecnologías antiguas impulsados por agencias estatales y organizaciones no gubernamentales (ONG) desde la década de 1980.

El estudio arqueológico de paisajes culturales como complemento del tradicional enfoque en sitios arqueológicos ha puesto en evidencia la profundidad temporal y amplitud espacial de las transformaciones del paisaje andino. Nuestro mapa de paisajes productivos antiguos en América del Sur (figura 1) resume parte del fragmentario conocimiento actual sobre la distribución de las principales tecnologías productivas antiguas.[8] Ante la escasez de estudios regionales detallados, y en vista de que la erosión, la sedimentación y la cobertura vegetal dificultan su identificación en aerofotografías e, incluso, en el terreno, las extensiones indicadas (2.647.793 ha en total) deben ser consideradas estimados conservadores.

Los campos elevados —camellones, pijales, *waru waru* o *suka kollu*—, por ejemplo, vienen siendo reportados por arqueólogos y geógrafos desde la década de 1960 en planicies anegables de casi todo el continente, incluidas extensiones de cientos de miles de hectáreas en la costa del Guayas, el altiplano del Titicaca y los Llanos de Mojos. Su diversidad formal abarca desde hileras de montículos de dos a tres metros de diámetro hasta campos rectos o arqueados de decenas de metros de largo, encajonados en amplios complejos de patrones regulares. Según las condiciones locales, el diseño y las prácticas de uso, los campos elevados permiten la irrigación, el drenaje, contrarrestar los efectos de las heladas, incrementar la fertilidad del suelo o favorecer las condiciones para especies deseadas de flora y fauna (figura 3). A diferencia de los millones de hectáreas de terrazas de cultivo —andenes, bancales o *taqanas*— más obvias en el paisaje y, en gran medida, en uso actual, los campos elevados representan una tecnología largamente perdida —para prestar el término de Denevan (2001)—, que ha empezado a ser reanimada. Sin embargo, y no obstante el aprovechamiento actual de una gran multitud de

[8] El mapa no considera los fechados de los diferentes sistemas y excluye los ubicuos reservorios, aproximadamente 40.000 ha de chacras cercadas *sojjas*, 39.000 ha de *qochas* y 10.000 ha de chacras cercadas *kanchas* en el altiplano peruano-boliviano (Enríquez, 1988, citado en ALT y OEA, 1999: 127-130), por tratarse de sistemas de uso intensivo actual, cuya profundidad temporal ha sido insuficientemente estudiada.

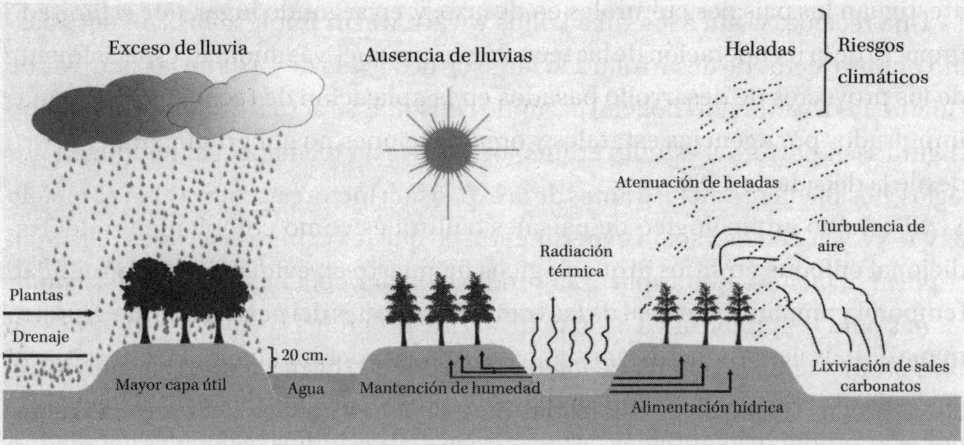

Fig. 3. **Principales efectos hídricos** (drenaje e irrigación); **microclimáticos** (control de heladas) y **edafológicos** (doble humus) **de los campos elevados en la cuenca del lago Titicaca**
Fuente: PIWA (2001: gráfico 1)

tipos de terrazas agrícolas (Denevan, 1980) y a su amplia distribución —establecida ya por Donkin en 1979[9]—, la extensión de terrazas bajo cultivo en los Andes continúa en retroceso. Esto se debe, principalmente, a la desarticulación de los sistemas comunales de producción y sucede, incluso, en regiones escarpadas con alarmantes tasas de erosión de suelos.

La recuperación de las tecnologías conocidas a partir del estudio arqueológico, histórico y etnográfico encierra para América Latina un potencial débilmente explorado para atender los riesgos derivados de la inseguridad alimentaria. A la vez que abre posibilidades para el futuro, el reconocimiento de obras de ingeniería indígenas impacta de manera significativa sobre las interpretaciones del pasado, por un lado, y las identidades locales y regionales por el otro. El descubrimiento de fines del siglo XX respecto a que las fértiles tierras a lo largo de las franjas ribereñas de los principales ríos de la cuenca amazónica y la Orinoquía —las *terras pretas* y *terras mulatas*— son resultado de la actividad humana acumulada a lo largo de siglos, por ejemplo, ha dado lugar a un giro sin precedentes en la arqueología amazónica, a la vez que ha impactado sobre la percepción del pasado y el presente de la agricultura intensiva y sustentable en las tierras bajas del neotrópico.

[9] Aunque desde entonces se han realizado importantes estudios puntuales, no hemos logrado ubicar trabajos de síntesis regionales o nacionales en Venezuela, Colombia, Chile y Argentina.

Una reciente visita a los suka kollus y waru warus impulsados con entusiasmo por proyectos de desarrollo a lo largo de la década de 1980, en las pampas de Huatta (Perú) y Khoani (Bolivia) permitió constatar su actual estado de abandono (figura 4). A partir del estudio arqueológico de esta tecnología abandonada por siglos, posiblemente incluso antes de la expansión inca a esta zona Colla en el siglo XIV o XV, y la demostración experimental de que los campos elevados permiten triplicar e, incluso, quintuplicar la producción agrícola bajo las difíciles condiciones para la agricultura a 3800 m de altura, programas estatales y decenas de ONG promovieron la rehabilitación de cerca de 1000 ha de campos elevados en el altiplano del Titicaca, en las décadas de 1980 y 1990. Luego del retiro del financiamiento estatal y de la rescisión de los fondos de la cooperación internacional, en la actualidad se cultivan menos de 100 ha.

Aunque una pregunta evidente es ¿por qué han fallado estos intentos?, probablemente sea más productivo preguntar lo que podemos aprender de estos fracasos. La hipótesis que planteamos es que lo limitado de los logros se debe, en gran medida, a la fetichización de la tecnología imbricada en la ideología de la máquina, compartida por buena parte de los actores políticos y técnicos implicados. La mirada *tecnológica*, a la vez que *moderna*, fue útil para los fines

Fig. 4. **Campos elevados habilitados y abandonados en Pampa Khoani** (provincia Los Andes, departamento La Paz, Bolivia). En primer plano se aprecia un grupo de viviendas tradicionales de la localidad de Curila. Nótense los árboles de *qenua* (*Polylepis* spp.)

Foto: el autor

políticos inmediatos de actores estatales y no gubernamentales, en cuanto permitió —o forzó— la integración de más de una docena de esfuerzos paralelos en el Programa Interinstitucional de Waru Waru y su inclusión en un importante proyecto binacional de mediano alcance, el Proyecto Especial Binacional Lago Titicaca (PELT). Sin embargo, la fe determinista hizo pensar que las tecnologías más eficientes tenderán a salir adelante, dada la oportunidad. Por ello, buena parte de los esfuerzos se concentraron en experimentos destinados a entender cómo funcionaban los campos elevados y a poner en evidencia los beneficios de esta tecnología, antes que estudiar las relaciones sociales tejidas alrededor de prácticas, objetos y fenómenos climáticos en el pasado y el presente (PIWA, 1992, 1994, 1999, 2000*a*, 2000*b*, 2001). La demostración sin duda constituyó un logro importante pero el asistencialismo invocado para pasar del estudio a la práctica resultó largamente estéril (PIWA, 1996).

Es necesario, entonces, dar un paso atrás y ubicarnos en el contexto del surgimiento de la preocupación por la recuperación de tecnologías como una alternativa de desarrollo en la que la arqueología puede y debe participar activamente. ¿Cómo se inserta esta preocupación en la percepción propia de la disciplina arqueológica? La respuesta inicial es que hay una divergencia de opinión al respecto, desde quienes consideran que los arqueólogos no estamos preparados para abordar la temática del desarrollo —por lo que no deberíamos participar[10]— hasta quienes ven en esta arqueología aplicada posibilidades para ampliar el rango de acción de la disciplina y hacerla más relevante para el presente. Para aclarar estas grandes divergencias, es útil tratar brevemente el giro conceptual que la arqueología global anglófona ha dado en las últimas dos décadas.

El debate, planteado inicialmente en 1987 (Shanks y Tilley, 1992), entre una arqueología científica de línea dura basada en la filosofía positivista —inspirada en la obra de Auguste Comte— y la arqueología interpretativa o contextual —inspirada en la teoría filosófica crítica asociada con la Escuela de Frankfurt— ha llevado a un distanciamiento del legado colonialista inherente al estudio del 'otro', legado fundamental para el surgimiento de la arqueología y la antropología en el siglo XVIII y su posterior desarrollo (Gosden, 2004). Preocupaciones en torno al

[10] Esta opinión fue vertida públicamente por varios participantes en el foro sobre arqueología y desarrollo llevado a cabo en la Universidad Nacional Mayor de San Marcos (UNMSM), en 2005.

significado de los objetos (Hodder, 1991; Wiley, 2002) y paisajes (Bender, 1993; Crumley, 1994; Ashmore y Knapp, 1999), a la agencia humana (Dobres y Robb, 2000) y a las identidades en el pasado (Díaz Andreu et ál., 2005; Insoll, 2007) actualmente se entrecruzan con la crítica del colonialismo e imperialismo inherentes a la práctica arqueológica (Gosden, 2004; Hamilakis y Duke, 2007; Kehoe, 1998). Este vigoroso desarrollo teórico ha llevado a la exploración de nuevos cánones ontológicos e interpretativos, desde las obras de Michel Foucault, Pierre Bourdieu y Anthony Giddens hasta la hermenéutica de Hans-Georg Gadamer y el realismo crítico de Roy Bhaskar (Johnson, 2000; Wiley, 1989; cf. Holtorf y Karlsson, 2000; Funari et ál., 2005), y una mayor preocupación por la teoría arqueológica y cómo ésta puede incidir sobre la teoría social en su conjunto. Por otro lado, ha enfocado los vínculos, imaginarios y dialécticas entre el pasado y el presente, incluyendo preocupaciones en torno al papel del pasado en el presente.

En América Latina, los esfuerzos por teorizar los aspectos políticos de la práctica de la arqueología en el presente son uno de los aportes más significativos de la Arqueología Social Latinoamericana (ASL) desde la década de 1970. La crítica del positivismo en la arqueología y la antropología antecede en varias décadas a los debates impulsados por los llamados neomarxistas en el Reino Unido, en la década de 1980 (Spriggs, 1984). En 1974 Luis Guillermo Lumbreras publica *La arqueología como ciencia social* (cf. González Carré y Del Águila, 2005), el cual, conjuntamente con los trabajos de Manuel Gándara y Luis Felipe Bate, entre muchos otros (ver reseñas y críticas en Patterson, 1984; Politis, 2003; Aguirre, 2005; Oyuela Caicedo et ál., 1997; Tantaleán, 2004), es clave para entender la importancia atribuida a la educación en el pensamiento arqueológico actual. Según Patterson (1984), la obra de Lumbreras se basa en la lectura de Vere Gordon Childe, José Carlos Mariátegui y Emilio Choy Ma, y combina elementos del marxismo clásico de la segunda internacional —influyente en las obras de Vere Gordon Childe, Heinrich Cunow y Karl Wittfogel— con el marxismo estructural de Louis Althusser, popularizado en América Latina a partir de la difundida obra de Marta Harnecker (1997), su estudiante chilena. La introducción de conceptos analíticos del materialismo histórico a la arqueología latinoamericana estuvo desde un inicio enfocada en incluir el estudio de los pueblos del pasado como un elemento central de la crítica social, tal como lo fuera en las obras de Marx y Engels de fines del siglo XIX.

La importancia de resaltar las raíces teóricas de la ASL en el contexto de la arqueología aplicada al desarrollo radica, por un lado, en el papel central que ésta y otras tendencias marxistas ortodoxas en arqueología le conceden a la tecnología como una suerte de marcapasos del progreso de la humanidad.[11] En palabras de Childe "el progreso que la arqueología puede definir confiadamente es el progreso de la cultura material, del equipo. Gracias al mejoramiento de este último las sociedades humanas han conseguido adaptarse con creciente éxito a sus diversos medios, y posteriormente adaptaron los distintos medios a sus propias y cambiantes necesidades" (1960: 143). Para Childe, la transformación progresiva de la cultura material trae consigo, en última instancia, una creciente libertad individual. La obtención de alimentos, supuesta preocupación principal de los pueblos anteriores a la agricultura y el sedentarismo, daría paso a una especialización de oficios y a una gran diversidad de actividades, gracias a la realización de obras tecnológicas que permiten un control más eficaz sobre el medio. "[...] el desarrollo de la capacidad de hacer y de realizar [...] es un reflejo del desarrollo del conocimiento del mundo. Los procesos técnicos que la arqueología estudia [...] son todos y cada uno aplicaciones de la ciencia, es decir, de un tipo eficiente de conocimiento y experiencia sistematizados del mundo exterior" (Childe, 1960: 147). No cabe discutir aquí el carácter visionario de la obra de Childe, acaso el arqueólogo más influyente del siglo XX, pero sí señalar el trasfondo modernista y evolucionista del progresismo inherente a su forma de narrar el pasado (cf. Harris, 1992; Manzanilla, 1987), pues se trata de un sesgo teórico heredado por la ASL.

El gobierno del general Velasco Alvarado, en Perú (1968-1975), representa una época de auge de la ASL, pues Lumbreras logra formularla como eje articulador de una coherente política cultural nacional, incidiendo sobre la educación escolar y superior, impulsando una amplia red de museos locales y regionales, y generando espacios para debatir la ASL, como el Congreso Internacional de Americanistas de Lima, de 1971. Pese a su éxito y a la inspiración que ha dado a sucesivas generaciones de estudiantes, una de las principales críticas hacia la ASL se ha centrado en la carencia de propuestas metodológicas concretas para impulsar la anhelada transformación social, por lo que hoy se la considera una posición minoritaria

[11] Cabe anotar que hacia mediados de la década de 1940 V. G. Childe parece descartar la idea de que la arqueología pueda producir conocimientos útiles para el presente.

en Latinoamérica, incluso en México y en Perú (Oyuela Caicedo et ál., 1997). Sin embargo, y aunque no hemos logrado recabar información directa en torno a la participación de arqueólogos en la gestación de los citados proyectos de desarrollo impulsados por los Estados peruano y boliviano, la idea resuena con los lineamientos y estrategias de la ASL y con los trabajos de los investigadores peruanos Elías Mujica (v. gr., 1997) y José Canziani (v. gr., 2007), importantes colaboradores del INDEA.

Difícilmente podríamos abarcar aquí la discusión en torno a la relación de los arqueólogos con los objetos y personas que estudian, es decir, la definición de patrimonio. Quizás la diferencia fundamental entre las arqueologías latinoamericanas y las de Europa y Norteamérica es que las primeras, en particular, y las de los países del sur en general, conciben su objeto de estudio de manera distinta. En vez de estudiar al otro que se encuentra lejos, estudian prácticas y culturas que forman parte de la historia de su propia sociedad, aunque para entenderlas tiendan a recurrir a modelos producidos en los centros hegemónicos. Es en parte por ello que, cuando se habla de la recuperación de tecnologías, se entienden cosas muy distintas. En Latinoamérica, el mismo término alude al compromiso social derivado de la práctica de la arqueología, entendida desde sus dimensiones políticas en el presente, y es precisamente en este punto donde los comentaristas contemporáneos de la ASL hallan inspiración y coincidencias al criticar el imperialismo académico y los discursos hegemónicos (v. gr., Navarrete, 2006; Verdesio, 2006).

Las tecnologías agrícolas andinas

De los ríos que corren de las sierras,
sacan en los valles y llanos los indios,
muchas y grandes acequias para regar la tierra [...]
esta es la mayor riqueza o toda la que hay en los llanos del Pirú,
como también en otras muchas partes de Indias.
Joseph de Acosta ([1590] 1962: 123).

La agricultura se ha constituido en el pilar de la alimentación humana a lo largo de los últimos 10 000 años. La producción agrícola y la población mundial han crecido exponencialmente, al punto que la inseguridad alimentaria actualmente constituye un reto, incluso en partes del mundo como los Andes, en donde los pueblos originarios desarrollaron tecnologías agrícolas complejas y efectivas para manejar los riesgos planteados por un medio ambiente diverso y difícilmente previsible.

A una escala global, y de largo alcance temporal, puede afirmarse que la domesticación de plantas y animales, y la creciente transformación de la superficie del planeta por parte de los pueblos que adoptaron la agricultura en distintas partes del mundo, dieron lugar a trayectorias similares. Entre los 10 000 y 5000 años a. p., la mayoría de la población mundial pasó de sustentarse de una economía apropiativa, centrada en la caza, la pesca y la recolección, hacia una economía basada en la producción de alimentos. Esta generalización, conocida aún como la transición entre 'salvajismo' y 'barbarie' —que precede a la civilización—, la expresó claramente Friedrich Engels en *El origen de la familia, la propiedad privada y el Estado según las investigaciones de Lewis H. Morgan* (Engels, [1884] 1975).

No es éste el lugar para disertar sobre la teleología evolucionista y el eurocentrismo, inherentes al modelo adoptado por Engels hace más de cien años; baste resaltar tres argumentos para ubicarnos en el contexto intelectual del siglo XXI. En primer lugar, el paso de una economía basada en la caza y la recolección a la agricultura y ganadería no ocurre mecánicamente. Existe una gran variabilidad cultural y ecológica entre los lugares del mundo donde ocurrió. Las zonas particularmente ricas en recursos marinos —como las costas oeste y suroeste de Sudamérica— permitieron el desarrollo temprano de sociedades pesqueras y marisqueras estables y duraderas como Chinchorro (9000-5000 a.p.) (Arriaza, 1999, 2003; Arriaza y Standen, 2002). Más aún, la singular riqueza de recursos marinos en el litoral andino le dio un giro particular a la historia de la agricultura en esta región (ver abajo).

En segundo lugar, un sedentarismo marcado —el asentamiento permanente, a diferencia de la movilidad de grupos de cazadores y recolectores— no es una precondición necesaria para la agricultura. Los sistemas de roza y quema, ampliamente difundidos en las zonas tropicales húmedas del geotrópico, así lo demuestran. La ausencia de agricultura, finalmente, tampoco es una limitante para el desarrollo de sociedades con formas de organización social complejas, como puede entreverse de la rica etnohistoria de los pueblos pescadores de salmón del noroeste de Norteamérica, tlingits, haidas, tsimshians, kwakiutls y nootkas.

Los avances teóricos y técnicos de la arqueología y antropología a lo largo de los siglos XX y XXI, han mostrado la utilidad heurística de los modelos universalistas así como su insuficiencia empírica. Actualmente, existe una multiplicidad de acercamientos para explicar la diversidad cultural del pasado, algunos derivados de la biología —como la teoría moderna darwiniana— y la cibernética —como la teoría de sistemas y la teoría del caos o de la complejidad—, y otros de las ciencias sociales, como la teoría de la práctica y la estructuración o el marxismo. La arqueología ha logrado excavar, identificar y fechar evidencias materiales cada vez más sutiles, acercándonos así con mejor fundamento al surgimiento de la agricultura en las diferentes regiones del planeta.

Los esfuerzos por tecnificar e industrializar la agricultura con fines mercantiles desplegados a lo largo del siglo XX no han llevado a un mejor manejo de los suelos y del recurso hídrico. Más bien han exacerbado la salinización de los campos de cultivo, el uso ineficiente de la poca agua disponible, el agotamiento de la fertilidad natural de los suelos, la erosión de la capa húmica (erosión laminar) (figura 5), la incisión de ríos y quebradas (cárcavas) y la escasa disponibilidad de agua

Fig. 5. **En los Andes, la erosión y la salinización de suelos están íntimamente vinculadas a la sobreexplotación y la desestructuración de sistemas de manejo integrados** (Yungay, Perú)

Foto: el autor

en el subsuelo (Guerrero Barrantes, 2005). Las persistentes y agudas deficiencias nutricionales en el ámbito rural, y el considerable —y creciente— volumen de la importación de alimentos básicos ejemplifican la escasa importancia de la agricultura de subsistencia en países como Ecuador, Perú, Bolivia y Argentina. Los principales perjudicados han sido los sectores campesinos, muchos de los cuales presentan un fuerte arraigo indígena. Una respuesta recurrente ha sido —y sigue siendo— el abandono del campo, en busca de trabajo en las ciudades.

La profunda transformación cultural de los paisajes andinos, incluyendo el abandono de los campos y terrazas indígenas, son el resultado de trayectorias de desarrollo propias del continente americano. Reconocer la importancia testimonial de este patrimonio cultural del pasado, sin embargo, implica también reconocer al campesino y las actuales relaciones y redes de significación orales y tradicionales, tejidas entre semillas y animales, lugares, tierra y flujos de agua, en los sistemas agro-tecnológicos actuales como eje humano de su estudio en el presente.

Materialidades, tecnologías y saberes agrícolas

El estudio arqueológico y antropológico de las tecnologías agrícolas andinas antiguas y tradicionales surge en la década de 1980, en el contexto de las emergentes críticas a los modelos de desarrollo agrícola enfocados en el volumen y el valor monetario de la producción (CEPAL, 1965; UNACAST, 1973: 115-135). La búsqueda de alternativas constituye el foco de investigación más antiguo y dinámico dentro del campo de la recuperación de tecnologías indígenas. Sin embargo, los niveles de inversión en el campo de las tecnologías autóctonas permanecen muy por debajo de la inversión institucional frente al estudio de la adaptación de técnicas foráneas, como el cultivo de especies genéticamente modificadas, el riego por aspersión y la mecanización industrializada. Pese a la participación de grupos indígenas y campesinos en la actual gestación —en Bolivia— del Instituto Nacional de Investigación Agrícola y Forestal (INIAF), es poco probable que este patrón histórico sea revertido a corto plazo. Sin embargo, las prognosis del Panel Internacional de Cambio Climático de la ONU (IPCC) sugieren un importante aumento de la presión sobre el recurso agua, en la medida en que los regímenes climáticos globales que controlan su disponibilidad en el ámbito local se verán severamente alterados en las próximas décadas. En vista de lo anterior y, especialmente, de la sustentabilidad y adaptabilidad de las tecnologías agrícolas autóctonas desarrolladas a lo largo de milenios,[1] consideramos oportuno hacer un balance de los esfuerzos por conocer y recuperar estas tecnologías originales. Si bien se trata, en primera línea, de una revisión histórica crítica, su objetivo ulterior es fomentar la participación de arqueólogos y antropólogos en la formulación de proyectos de desarrollo sustentable en el ámbito rural andino y aprender de los errores del pasado. La resiliencia de las tecnologías tradicionales que nacieron del mestizaje de las tecnologías agrícolas mediterránea y andina sienta las bases para una recuperación ajena al sonambulismo y el determinismo tecnológicos.

Actualmente, es posible hallar una gran diversidad de sistemas agrícolas en el área andina; desde grandes extensiones de monocultivos mercantiles mecanizados orientados hacia la venta en el mercado internacional —de caña de azúcar,

[1] Las tecnologías de pastoreo se abordan en el capítulo 4, y las agroforestales en el capítulo 5.

espárragos, arroz y alcachofas, por ejemplo— hasta amplios sistemas tradicionales que sincronizan, en el tiempo y el espacio, una diversa producción agrícola orientada en primera línea a asegurar un sustento culturalmente digno. Sin embargo, la agricultura de subsistencia y la agricultura mercantil no son caras opuestas de una moneda, aunque pueda parecerlo desde una perspectiva economicista. Más bien, se trata de extremos opuestos de un mismo complejo de prácticas sociales, materialidades y procesos históricos vinculados al manejo de la tierra, el agua y la reproducción de ciertas gamas de especies comestibles.

Comúnmente, los trabajos sobre la agricultura americana destacan la importancia de la papa, el maíz, el tomate y el ají, entre muchos otros productos nativos, para la alimentación de las poblaciones de Europa y el mundo. No repetiremos este ejercicio, pero sí resulta beneficioso pensar el desarrollo de la agricultura como un compuesto de múltiples trayectorias tecnológicas de largo alcance. Algunas de estas trayectorias, como la agricultura eurasiática y americana, se originan y discurren paralelamente durante milenios, dando lugar a una situación de contacto excepcionalmente tardía en los siglos XV y XVI. Cada trayectoria puede ser analizada en términos de elementos materiales —terrazas, canales, muros, herramientas, semillas y abonos, por ejemplo — e inmateriales —los conocimientos prácticos y culturales para su manejo—, anclados a condiciones históricas, climáticas, bióticas y edáficas locales. Así, en un momento dado, cada trayectoria tecnológica se caracterizará por una conjugación específica de elementos, dando lugar a una gama de efectos materiales de corto, mediano y largo plazo.

En los Andes hallamos, por un lado, los originales sistemas de producción indígenas —agropesqueros, agropastoriles y agroforrajeros—, desarrollados durante cuatro milenios en la vertiente occidental y oriental de los Andes, en las hoyas interandinas y a lo largo de la franja costera —desde desértica hasta hiperhúmeda— del litoral del Pacífico. Por otro lado, están los sistemas foráneos, los policultivos mediterráneos —de arraigo árabe— introducidos desde el siglo XV, los sistemas de monocultivos —tecnificados a partir del siglo XX— y, más recientemente, los sistemas de monocultivo de alto rendimiento, dependientes de agroquímicos y semillas genéticamente modificadas.

El colapso poblacional ocasionado por la Conquista y la introducción de plantas, animales y herramientas europeas en el continente americano a partir del siglo XVI tuvo un profundo impacto sobre la agricultura autóctona. Entre las imposiciones de mayor trascendencia destacan la reubicación forzosa de la población indígena en reducciones o "pueblos de indios" —decretada en 1571 por Francisco de Toledo, virrey del Perú— (Porras Barrenechea, 1963), la demanda de tasas (impuestos) en productos agrícolas europeos y las sucesivas reformas en los regímenes de propiedad y la administración del uso y acceso al agua y la tierra durante las épocas colonial y republicana. Sin embargo, la distancia, las condiciones del medio y la presencia de desarrolladas tecnologías agrícolas significaron que sólo algunos selectos elementos del bagaje agrícola europeo fueran integrados, algunos por voluntad propia, otros por coerción (Gade, 1992). A lo largo de los últimos cinco siglos, las comunidades indígenas y campesinas han reformado la estructura básica de los sistemas agrícolas precoloniales, pero sin llegar a una suplantación (Golte, 1980*a*).

Así, el arado de tracción castellano en la sierra altoandina se integra tempranamente al manejo sincrónico, integrado y flexible de múltiples zonas de producción (Murra, 1972, 1978, 1985; cf. Salomon, 1985), incluso, para el cultivo de terrazas del fondo de valles y laderas. Del mismo modo, algunos cultivos europeos —domesticados en Oriente Medio y traídos mayormente de Centroamérica— fueron adaptados a las condiciones bióticas de altura. El trigo, considerado fundamental para una vida digna y civilizada por la población española, prontamente formó parte de la lista de productos requeridos como tributo. Sin embargo, un reparto de tierras de 1595 ya registra su cultivo como parte de la producción de autoconsumo indígena, lo que sugiere que fue adoptado intencionalmente, acaso porque su preparación —en mazamorras— es similar a la de los granos andinos, porque facilitaba paja y rastrojo para los crecientes rebaños indígenas de animales europeos, y porque su cultivo no interfería sustancialmente el calendario del maíz, cuya zona de cultivo —aproximadamente 2500-3500 metros sobre el nivel del mar (msnm)— comparte (Gade, 1992). Así, la sociedad andina encontró espacio para adaptar la haba (*Vicia faba*) y la cebada (*Hordeum vulgare*) a las altas laderas, cultivándolas junto a tubérculos como la papa (*Solanum* spp.), la oca (*Oxalis tuberosa*), el olluco (*Ullucus tuberosus*) y la *Mashwa* (*Tropaeolum tuberosum*), los frijoles (*Phaseolus lunatus, P. polyanthus, P. vulgaris, Lupinus mutabilis*) y granos altoandinos como la quinoa o *kinwa* (*Chenopodium quinoa),* la canihua (*Amaranthus pallidicaule*) y la *kiwicha* (*Amaranthus caudatus*); mientras que los cítricos (*Citrus* spp.) y el plátano (*Musa* spp.) se cultivaban en el fondo de los valles interandinos (aproximadamente 1500-2500 msnm), donde aún se cultivan al lado de la batata o camote (*Ipomoea batatas*), el algodón (*Gossypium* spp.) y la coca (*Erythroxilon* spp.). La caña de azúcar (*Saccharum* spp.) fue un monopolio criollo y mestizo durante largo tiempo, pues la tecnología necesaria para su procesamiento no estaba al alcance de los grupos indígenas. Si bien construyeron trapiches para obtener un fermentado más fuerte que la chicha de maíz —muy conocido como guarapo—, el deseo de obtener azúcar y alcohol fueron alicientes poderosos para aventurarse en el mercado metálico controlado por los españoles (Gade, 1992).

Si bien la colonización europea alteró la trayectoria endógena del desarrollo agrícola andino, dando lugar a un extendido préstamo bilateral de semillas, técnicas y herramientas y a una distribución espacial marcada por la marginación de los espacios comunales. Las diferencias fundadas en la organización social del trabajo y la relación con el entorno vivido son sustanciales. La aplicación de tecnologías foráneas, con frecuencia mecanizadas, se concentra en áreas con grandes extensiones de fértiles tierras, como los valles del litoral del Pacífico y las grandes cuencas interandinas. Estas tierras son objeto de una explotación mercantil intensa desde la era colonial y se manejan bajo el régimen de la propiedad privada, exclusiva y excluyente. Las tecnologías agrícolas tradicionales, en cambio, son aplicadas principalmente en zonas marginales, en la sierra o el piedemonte amazónico. Las comunidades tradicionales, indígenas y campesinas tienden a manejar territorios comunales dispersos, ocupando cimas, laderas, quebradas y zonas áridas de baja rentabilidad comercial. Sin embargo, la distinción espacial no es perfecta.

Al margen de los monocultivos arroceros, alcachoferos y esparragueros que rodean la ciudad de Trujillo, la Asociación de Pescadores de Huanchaco mantiene —pese a la presión por desarrollar el área con fines turísticos— campos hundidos en los que se cultiva la totora (*Scirpus riparius*, *Scirpus californicus* y *Thipha* sp.; v. gr., Pulido, s. f.) para *awanganar* (unir como madre e hijo) las famosas balsas o caballitos de totora. Los campos hundidos o *wachakes* cavados en el desierto cercano a la playa forman parte de una importante tradición indígena de aprovechamiento de la capa freática, de amplia distribución (figura 1), que persiste junto a la metrópolis porque permite aprovechar tierras marginales.

La recombinación de elementos materiales e inmateriales procedentes de ambas tradiciones, por otro lado, indica que las especies cultivadas y las herramientas utilizadas tampoco ofrecen parámetros de distinción inequívocos. El uso generalizado del arado de tracción castellano, el cultivo mecanizado de la *kinwa* y el de la cebolla con *chaki taklla* (arado de pie) en los *suka kollu* rehabilitados del altiplano son sólo algunos ejemplos. Antes de sugerir un 'sincretismo' o 'mestizaje tecnológico' —en línea con los discursos nacionalistas del área andina—, es necesario reconocer las diferencias existentes en los modos de organización del trabajo, la manera de reclamar y establecer derechos de propiedad sobre la tierra y, en especial, la forma de relacionarse con el entorno. Es por ello que cualquier intento de recuperación de tecnologías indígenas y tradicionales se yergue sobre una matriz histórica compleja.

A continuación esbozaremos las actuales hipótesis en torno a los orígenes de la agricultura en los Andes, como una forma de contextualizar las trayectorias históricas en las que se hallan insertas las tecnologías de riego y manejo del suelo: las presas, represas, canales, terrazas y campos de cultivo, así como la diversidad de plantas y el engranaje de ciclos reproductivos. Seguidamente, enfocamos la arqueología y prácticas campesinas tradicionales vinculadas a los campos elevados, las presas y represas y las terrazas y canales estudiados en la costa de Ecuador, la sierra sur, central y norte de Perú, el Altiplano del Titicaca, y el noroeste argentino. Cada sección culmina con una discusión del estado de la recuperación de la respectiva tecnología en esa región.

El surgimiento y desarrollo de la agricultura en los Andes centrales

El estudio de restos botánicos microscópicos —polen, fitolitos y carbón, principalmente— ha permitido completar algunos de los grandes vacíos de la historia de la agricultura en los Andes. El entendimiento de sus orígenes y desarrollo —la transformación de tecnologías de subsistencia basadas en la pesca, la caza y la recolección, y la adopción de la producción de alimentos en jardines, así como el surgimiento de la agricultura y tecnologías hidráulicas asociadas— ha dado un giro importante con el advenimiento de técnicas que permiten investigar el registro arqueobotánico en zonas húmedas, pese a la descomposición de materia orgánica.

En su importante libro sobre los orígenes de la domesticación en las tierras bajas del trópico americano, Doris Piperno y Deborah Pearsall sintetizan el estado actual del conocimiento, diferenciando tres grandes áreas que dieron lugar a tipos originarios de adaptación que incluyen la agricultura: 1) las zonas bajas, cálidas, húmedas y boscosas, 2) la zona altoandina y 3) la zona costera (Piperno y Pearsall, 1998). Las autoras vinculan los inicios de la domesticación de plantas a la horticultura incipiente practicada por grupos sociales pequeños asentados en las tierras bajas y húmedas del neotrópico, entre los 9000 y 7000 a. p. Siguiendo un modelo evolucionista, basado en la teoría ecológica de forrajeo óptimo, Piperno y Pearsall ligan los orígenes de la domesticación a los cambios climáticos y ecológicos que marcaron la transición entre el Pleistoceno Final —conocido como la última era del hielo— y la actual era geológica, el Holoceno (11.000-10.000 a. p.). A la vez, esclarecen antiguas dudas y resaltan algunas particularidades del proceso andino.

Así, se asumía con frecuencia, a partir de las hipótesis anti-malthusianas de Ester Boserup (1965), que la producción de alimentos representaba principalmente una respuesta cultural a condiciones de estrés poblacional y presión demográfica. Sin embargo, los restos humanos de las poblaciones que empezaron a sembrar las primeras huertas en las tierras bajas del neotrópico hace alrededor de 10.000 años —específicamente, en el sitio de Las Vegas, en la península de Santa Elena, Ecuador— no muestran síntomas de estrés nutricional (Ubelaker, 1984, 1995; citado en Piperno y Pearsall, 1998: 198). Por ello, las autoras descartan la sobrepoblación y el hambre como factores decisivos para la domesticación de plantas y la adopción de la producción de alimentos en el neotrópico.

Por otro lado, se asumía que los primeros asentamientos asociados a la domesticación y la producción de alimentos en los Andes centrales se ubicaban en los valles principales (Smith, 1995 citado en Piperno y Pearsall, 1998: 209). Sin embargo, las investigaciones de Tom Dillehay en el alto valle de Zaña (Perú) indican un patrón de asentamiento descendente e integrado. Las ocupaciones más tempranas —del período precerámico medio (8400-6000 a. p.)— se ubican en las quebradas de la parte alta del valle (alrededor de 1.000 msnm) (Dillehay et ál., 1992, 2005); mientras que las primeras ocupaciones de las llanuras ribereñas se registran en el período precerámico tardío (5000-3800 a. p.), antes del advenimiento del uso de la cerámica. Recientes investigaciones en los valles de Huaura y Pativilca sugieren que Zaña y Supe no serían casos aislados de institucionalidad social compleja y temprana en las cabeceras de los valles costeños (Aguilar, 2006).

Una de las más discutidas particularidades en el surgimiento del proceso cultural temprano en los Andes es la importancia de los recursos marinos (Moseley, 1975, 1992). Piperno y Pearsall (1998) encuentran suficiente evidencia para apoyar la hipótesis de que el aprovechamiento de recursos terrestres inicialmente complementó una dieta fundamentalmente marina a lo largo de la desértica costa oeste de Sudamérica, recalcando la reconocida importancia de la domesticación de plantas industriales como el algodón, para cuerdas, redes y textiles, y el mate (*Lagenaria sicenaria*), para flotadores y recipientes. Este papel subsidiario recién habría cambiado con el advenimiento del fenómeno de El Niño, alrededor de 7000 a 5000 a. p. (Piperno y Pearsall, 1998: 81-82, 267-280; cf. Sandweiss et ál., 1996).

Otra particularidad del proceso andino es que más de la mitad de las más de cien especies de plantas domesticadas que los primeros europeos conocieron en el siglo XVI —casi todas plenamente desarrolladas a inicios de la era cristiana— son oriundas de las tierras bajas, cálidas y húmedas de Centro y Sudamérica (Piperno y Pearsall, 1998: 1, 109-166). Sustentando las ideas expresadas hace décadas por Carl Sauer, Julio César Tello y Donald Lathrap, Piperno y Pearsall encuentran que las primeras alteraciones morfológicas en los restos de plantas comestibles —tubérculos, principalmente— datan de hace 9000 años, e indican un cultivo sistemático en pequeñas huertas o jardines caseros, es decir, horticultura. Las primeras evidencias directas de agricultura —de roza y quema— datan de 7000 a. p., por lo que se puede hablar de las primeras chacras: campos para la propagación y cosecha de plantas seleccionadas. Una implicancia importante de esta temprana introducción de especies es que indica una alta movilidad e interacción entre los grupos sociales asentados en las tierras bajas tropicales y en los valles costeños e interandinos.

Piperno y Pearsall (1998) argumentan acerca de la necesidad de segregar conceptualmente los orígenes de la producción de alimentos —posible a través de un manejo de los recursos silvestres que puede o no llevar a alteraciones genéticas en especies como las palmas de frutos comestibles (v. gr., Morcote-Ríos et ál., 1998)— de los orígenes de la agricultura, pues estos dos procesos no necesariamente se suceden entre sí. La horticultura, al igual que los sistemas económicos de corte marítimo mencionados líneas arriba, no es un estado económico inferior o transitorio. La agricultura, entendida como el cultivo en campos preparados para favorecer el predominio de especies comestibles, más bien representa un extremo a lo largo de un contínuum de estrategias en torno al usufructo sistemático de plantas.

Las evidencias obtenidas mediante el análisis de restos botánicos microscópicos apuntan hacia las zonas ecológicamente más benignas, sin heladas y con lluvias estacionales predecibles, como la cuna de la domesticación y la horticultura en Sudamérica, alrededor de 10.000 a. p.. Procesos similares se suceden poco después, durante la parte final del período arcaico (12.000-5000 a. p.), en los valles interandinos y del litoral del Pacífico, así como en las zonas de vegetación de lomas, lugares en donde posiblemente se cultivaron tubérculos como papa, oca, *mashwa* y olluco, granos como la *kinwa*, diferentes especies de leguminosas (*Cannavalia* sp., *Phaseolus* sp.), entre muchos otros alimentos y plantas medicinales y utilitarias (v. gr., resumen y bibliografía en Kaulicke, 1994).

Hasta el momento solo se han identificado campos de cultivo asociados a pequeños canales de regadío para el período precerámico medio (5000-3000 a. p.) en el alto Zaña (Dillehay et ál., 2005), pero es posible inferir de los restos botánicos recuperados de diferentes sitios arqueológicos con evidencia de cultivos tempranos —Las Vegas y Real Alto, en la costa de Ecuador (Stothert, 1988; Marcos, 2005); La Paloma (Quilter, 1989), Los Gavilanes (Bonavía, 1982), Caballete (Haas et ál., 2004) y Caral (Shady y Leyva, 2003), en la costa de Perú, y los sitios de Guitarrero (Lynch, 1980), Kotosh (Izumi y Sono, 1963) y La Galgada (Grieder y Bueno, 1988), en la sierra, por ejemplo— que las tecnologías desplegadas por los primeros horticultores fueron diversas. Incluyeron tanto la agricultura de secano como el aprovechamiento de inundaciones estacionales y —posiblemente— el uso de pequeños canales o acequias. La agricultura intensiva y de irrigación probablemente se desarrolló en zonas más áridas que las tierras bajas húmedas del neotrópico, acaso en los valles interandinos de las hoyas del Santa y Marañón, como sospechaban Julio César Tello (1923) y Richard MacNeish (1969), y —de forma paralela— en los valles-oasis del litoral del Pacífico. En este sentido, es importante recalcar que la interacción a larga distancia a través de los Andes, entre pisos térmicos y zonas ecológicas similares, probablemente fue frecuente, duradera y de gran importancia en épocas tempranas. Las relaciones transversales y el aprovechamiento de pisos ecológicos próximos y contiguos que caracteriza las vertientes andinas (cf. Murra, 1972, 1978, 1985), en cambio, aumentan en importancia con el advenimiento de sociedades más especializadas —marítimas, agrícolas y pastoriles—, a partir del período inicial (4000-2800 a. p.).

La investigación de la irrigación y de las tecnologías hidráulicas complejas en los Andes ha tendido a centrarse en las obras monumentales de las sociedades tardías de la costa y sierra centroandinas, y son aún pocos los estudios en torno a los inicios (Zimmerer, 1995; Dillehay et ál., 2005). La evidencia disponible indica, no obstante, que la construcción de los primeros canales de contorno para riego por gravedad pudo ocurrir entre los 6500 y 5400 a. p. (Dillehay et ál., 2005). La estructura básica de los sistemas de irrigación que caracterizan los valles de la árida costa centroandina, sin embargo, probablemente ya estaba plenamente desarrollada hace 4000 años (Burger, 1992; Haas et ál., 2004). El momento de la invasión europea, entonces, la tradición indígena de agricultura con irrigación tenía cuando menos 3500 años de historia.

Los campos elevados y su recuperación

Los campos elevados son una tecnología indígena multifuncional muy antigua, típica de áreas anegables, que permite altas tasas de rendimiento agrícola en zonas difícilmente utilizables de otro modo (v. gr., De la Torre y Burga, 1986; Erickson, 1988*a*; Berastain, 1999; Enríquez et ál., 2000; PIWA, 1992, 1994, 1996, 1999, 2000*a*, 2000*b*). Sus vestigios se encuentran desde las Guyanas hasta el oriente boliviano. Como su nombre lo indica, se trata de áreas de cultivo elevadas por la mano del hombre, rodeadas de canales más o menos amplios. No se trata solamente de sistemas integrados de drenaje e irrigación, pues facilitan además el enriquecimiento del suelo con nutrientes, crean hábitats propicios para peces y aves y alteran las condiciones agroclimatológicas. Esta última cualidad es particularmente importante en zonas de altura, donde las heladas representan un grave riesgo para la agricultura (figura 3). Sin embargo, la gran diversidad morfológica existente en el registro arqueológico solo se explica, en parte, por las diferencias ambientales. Existen diferencias temporales y regionales, a la vez que preferencias culturales, incluso en el ámbito microrregional. A modo de ejemplo, en este capítulo se discuten tres áreas: la sierra norte de Ecuador, la costa del Guayas y el altiplano peruano-boliviano, aunque existen áreas con campos elevados en los llanos de la

Orinoquía, la depresión momposina, el litoral peruano y los Llanos de Mojos, entre otros. Enfocamos de manera particular los intentos de recuperación en el área circunlacustre del Titicaca, porque los inesperados éxitos y estrepitosos fracasos tras más de veinte años de experimentación sugieren lecciones importantes para la recuperación de tecnologías tradicionales en el ámbito global.

Los campos elevados de Quito y Cayambe

Aunque la existencia de sistemas de campos elevados en la sierra norte de Ecuador es largamente conocida, su descripción y estudio se inician recién en la década de 1970 (Knapp y Ryder, 1983; Batchelor, 1980; Gondard y López, 1983; Knapp y Denevan, 1985; Knapp, 1988, 1991). Denevan (2001: 234) calcula que existen 2000 ha de campos registrados en los valles interandinos de la sierra norte, anotando que es muy probable que grandes extensiones estén cubiertas con ceniza volcánica y otros sedimentos. Batchelor (1980) describe la morfología de los campos y de las construcciones asociadas en la sierra de Cayambe, diferenciando los Campos Lineales Acanalados —que Denevan (1980) consideró como una forma rudimentaria de drenaje— hallados al oeste del camino entre Cayambe y Ayora y al oeste de la Hacienda San José (Batchelor, 1980: 676). Un grupo bien conservado de estos terraplenes arqueados se observa en la hacienda La Tola (Batchelor, 1980: 678). Se trata principalmente de terraplenes de 2 a 4 m de ancho en la parte superior del lomo, con 3 a 5 m entre los surcos —de aproximadamente un metro de profundidad y una de amplitud de onda máxima de 9 m (Denevan, 2001: 234)— y entre 300 y 900 m de longitud, construidos en etapas sucesivas, comenzando desde arriba hacia la porción central de la pendiente (Echevarría, 2004: 685).

Para las regiones ocupadas en el siglo XVI por los grupos étnicos Carangue, Cayambe y Quitu, Echevarría (2004) propone la construcción de campos elevados a partir del año 700 de nuestra era, es decir, unos 1300 años atrás. Estas tecnologías agrícolas se habrían difundido ampliamente entre los años 1000 y 1250 de nuestra era (Echevarría, 2004). Denevan (2001: 234) menciona el hallazgo de campos elevados superpuestos en el centro de la ciudad de Quito; los más antiguos y pequeños, acaso temporales, tendrían una antigüedad de por lo menos 1700 años. Se desconoce cuándo fueron abandonados, pero es posible que el colapso poblacional del siglo XVI y la profunda reorganización colonial hayan tenido un papel importante.

Experimentos de rehabilitación conducidos por Knapp (1991: 159) sugieren que el control de heladas fue una función importante de los campos elevados de la sierra norte de Ecuador, ya que las temperaturas en la superficie de los campos experimentales —en noches de helada— son hasta 1,3 °C superiores a las de las áreas planas circundantes. Los campos arqueados de Cayambe, en cambio, habrían facilitado la retención e infiltración de agua con fines de irrigación durante la época seca (Batchelor, 1980: 678-682), lo cual sugiere que se trataría de un sistema de riego freático. Las tecnologías de riego freáticas, sin embargo, apenas empiezan a ser estudiadas (Herrera, Janin y Ramel, 2009).

La asociación de estos campos elevados con montículos cuadrangulares o tolas con rampas en sitios como la hacienda La Vega, Paquiestancia, Pinsaqui y Sigsicunga (Echevarría, 2004: 192; véanse también Villaba y Alvarado, 1998; Knapp y Mothes, 1998) sugiere la posibilidad de un cambio radical en el sistema agrícola, el mismo que Echevarría interpreta en términos de cambios sociales que habrían llevado a un mayor rendimiento en la producción agrícola y a la jerarquización de la sociedad, dando así una muestra de la visión determinista de la tecnología (véase el capítulo 1). Para el caso de Cayambe, Batchelor (1980) concluye que la actual red de distribución de agua de riego en el valle no difiere sustancialmente del sistema precolonial (Batchelor, 1980: 682), lo que sugiere una alta resiliencia de las prácticas asociadas al uso de tecnologías hidráulicas, incluso frente a cambios sociopolíticos radicales como la conquista española y las reformas republicanas. A partir de su revisión de datos etnohistóricos y topónimos de la sierra de Pichincha, Imbabura y Carchi, Caillavet (2004: 216) sugiere que las voces *pixal/pajal*, así como *pifo/pifu/biafo*, se referían a la agricultura de humedad, específicamente al cultivo en camellones de diversas formas. El hecho de que se trata de voces no quechuas, idioma introducido en esta región alrededor del siglo XV (Adelaar, 2004: 165-167), subraya la antigüedad de estas tecnologías agrícolas, diseñadas para lidiar con los excesos estacionales de humedad.

La literatura registra pocos intentos de recuperación de estos campos por parte de la población local. Knapp (1988) menciona experimentos en Chillogallo, al sur de Quito; en San Pablo, al sureste de Otavalo, y en Cayambe, pero hay más referencias a los campos experimentales —transitorios— construidos por investigadores (v. gr., Knapp, 1991). Sin embargo, Denevan (2001: 234) menciona que el cultivo tradicional de papa y maíz en la zona se realiza en *wachunkuna*, caballones o lomos de tierra, y que los campesinos utilizan zanjas para drenar los campos. Estos diminutos camellones —similares a los *wachu* del Titicaca— presentan una amplitud de onda muy inferior a la de los campos elevados antiguos: entre 0,75 y 1 m, a diferencia de 3 a 9 m. Si bien no facilitan las mismas condiciones agroclimatológicas, las experiencias en el altiplano del Titicaca sugieren que los saberes y prácticas asociadas a estas tecnologías empobrecidas remanentes encierran claves importantes para intentos de recuperación promisorios.

Los campos elevados de la cuenca del Guayas

Una de las más impresionantes áreas de campos de cultivo en zonas anegables de América del Sur es la parte central de la cuenca del Guayas, Ecuador. A partir de su descubrimiento casual en 1965 por James Parsons —geógrafo pionero y gran impulsor del estudio de sistemas de cultivo en los Andes y la Amazonía (1969; cf. Denevan, 2001: 230)—, Ecuador, conjuntámente con Perú y Bolivia, se ha constituido en uno de los países focales en términos de la investigación en torno a sistemas agrícolas precoloniales, específicamente los jagüeyes, albarradas o reservorios de escorrentías (*detention ponds*) de la árida península de Santa Elena (Marcos, 2004) y los campos elevados ubicados en la sierra norte, en los alrededores de Guayaquil, y en la costa, las provincias de El Oro y Esmeraldas.

En los alrededores de Guayaquil, en las llanuras aluviales estacionalmente inundadas de las cuencas de los ríos Daule, Babahoyos, Guayas y afluentes, hay campos elevados dispersos en un área de aproximadamente 500.000 ha (Delgado, 2002). Esta gran extensión incluye nueve patrones o tipos de camellones distintos (Delgado, 2002: 170), por lo que representa uno de los complejos agrotecnológicos precoloniales más importantes del continente, el cual está siendo destruido por la creciente urbanización, el cultivo mecanizado de arroz, la ganadería y un manejo inadecuado —y hasta inexistente— de las inundaciones estacionales. El actual descuido del drenaje de las llanuras, proceso en donde los campos elevados cumplieron un papel decisivo durante siglos, fomenta una sedimentación descontrolada que ha comenzado a poner en aprietos el tránsito fluvial en la ciudad de Guayaquil.

Según De Fontainieu (2006), la construcción de campos elevados en la cuenca media del Guayas dataría del período de desarrollos regionales (1600-1200 a. p.);

mientras que en la cuenca baja todos los sitios asociados con camellones —salvo Peñón del Río— corresponderían al período de integración (1200-418 a. p.). Jorge Marcos, en cambio —basándose en Parsons y Schlemon (1982, 1987, citados en Marcos, 2006: 39)— es enfático al proponer una fecha de 4.000 a. p. para los primeros campos elevados de la cuenca baja, añadiendo que: "[...] para la época Chorrera (circa 800-300 a. C.) [2750-2250 a. p.] ya se habían construido la mitad de los campos de camellones y la mayoría de las albarradas [jagüeyes] que encontraron los españoles que llegaron a estos parajes durante el siglo XV" (Marcos, 2006: 39). Esta sustancial divergencia merece una explicación.

En primer lugar, es notablemente difícil fechar obras antiguas de infraestructura agrícola. Los campos elevados y jagüeyes son espacios en donde la tierra es periódicamente removida para contrarrestar la erosión, de modo que el material cultural que pueda hallarse en una excavación —escaso, debido a la ausencia de áreas de asentamiento— no necesariamente guarda relación con el evento de construcción bajo estudio. Lo mismo puede decirse de los restos orgánicos y de carbón, que además pueden verse afectados por flujos de agua en el suelo, movimientos telúricos y bioperturbación por parte de roedores, reptiles e insectos. Una manera de atacar este problema ha sido mediante el fechado de las estructuras asociadas a las obras de ingeniería antiguas. Sin embargo, los terraplenes y montículos cercanos a jagüeyes o circundados por campos elevados pueden ser anteriores, contemporáneos o posteriores, y bien puede darse una combinación de estas relaciones. A diferencia de las terrazas y estructuras hidráulicas con muros de piedra, es notoriamente difícil establecer una asociación clara entre los campos de cultivo y las zonas de ocupación. La presencia de cerámica Valdivia Temprano en los muros de jagüeyes en el distrito de Muey, por ejemplo (Marcos, 2004), sólo permite determinar un *terminus post quem*, una fecha límite durante o después de la cual fue construido. Dado que aún no ha sido posible descartar que esta asociación sea fortuita, acaso producto de remodelaciones posteriores, la antigüedad de los jagüeyes en la cuenca del Guayas queda en duda.

Los márgenes temporales de estas tecnologías, que intentamos delimitar a continuación, son claves para saber si estas grandes extensiones de campos elevados son el resultado acumulado del trabajo realizado por grupos de personas más bien reducidos, o si, por el contrario, fueron construidas rápidamente, con una inversión de trabajo grande y concertada. Stemper (1993) investigó en las zonas de Yumes, Colimes, Palestina, Santa Lucia y Daule, en el valle del río Daule y los campos elevados de Cerritos y Colimes. Concluye que los primeros campos fueron construidos entre los 2200 y 2400 a. p., aunque la intensificación agrícola —hasta 3,7 t/ha de maíz en la cosecha de la época de lluvias y más de 5 t/ha anuales— sería posterior, entre 2200 y 2100 a. p., concomitante con el surgimiento de los primeros curacazgos (1993: 122). Este marco temporal coincide, grosso modo, con la propuesta de De Fontainieu (2006: 73) para el área colombo-ecuatoriana de Tumaco-La Tolita, donde los camellones están asociados con sitios de período Inguapi 2, correspondiente a la fase clásica de la cultura La Tolita-Tumaco (2300-1700 a. p.). Cabe anotar, sin embargo, que los campos elevados de la depresión Momposina, el área cultural zenú en Colombia, posiblemente fueron construidos mucho antes, hasta 2800 a. p. (Plazas et ál., 1993). Sin embargo, cabe hacer hincapié en las diferencias entre áreas anegables, a veces bastante cercanas entre sí. En la cuenca baja del Guayas, por ejemplo (Florencio Delgado, comunicación personal, 2007), las inundaciones tienden a ser catastróficas, por lo que es necesario que se trabaje en el sistema regionalmente y de manera coordinada, durante temporadas cortas y con alta inversión de trabajo. Así, es posible que la reclamación de ciertas áreas inundables tenga una historia profunda, acaso milenaria, mientras que otras hayan sido objeto de colonizaciones rápidas y concertadas, acaso de muy corta duración.

La función fundamental de los campos elevados del Guayas fue, sin duda, reclamar y aprovechar para la agricultura áreas periódicamente inundadas, ricamente fertilizadas por sedimentos aluviales del piedemonte andino. El exceso de agua afecta negativamente la fertilidad del suelo, pues bajo condiciones de saturación de agua la formación natural de suelo o *podogénesis* es mínima. La necesidad de manejar las corrientes de agua, especialmente marcada en la parte baja de la cuenca, favoreció una población dispersa, asentada sobre plataformas adyacentes a bloques de camellones. Su productividad —alrededor de 12 t/ha de yuca y 5,7 t/ha de maíz al año— fue demostrada inicialmente por los campos experimentales construidos para estudiar alternativas al monocultivo arrocero, por colaboradores de la Escuela Politécnica del Litoral (ESPOL), bajo la dirección de Jorge Marcos Pino a inicios de la década de 1980 (Muse y Quintero, 1987; cf. Marcos, 1981; Álvarez, 1985). Pese a estos alentadores resultados, la recuperación de campos elevados no ha recibido incentivos. La utilización de estas llanuras para el cultivo de arroz se basa en una tecnología de aprovechamiento de suelos anegables de origen asiático, mientras que los camellones de Peñón del Río —entre muchos otros— vienen siendo destruidos por la expansión urbana.

Diferentes interpretaciones en torno a los camellones del Guayas se han sucedido desde que Parsons (1969) reconociera la función agroeconómica de estos grandes conjuntos de plataformas, canales y camellones. En términos generales éstas se sitúan en el contínuum de los modelos denominados *top-down* y *bottom-up*, dependiendo de si la construcción fue el resultado más bien rápido de acciones dictadas —de arriba hacia abajo— por un poder central o si, en cambio, el paisaje actual es el resultado paulatino de acciones desde la base, organizada en comunidades y grupos familiares extendidos. El grado de regularidad en la distribución de los camellones, los patrones de distribución de montículos y plataformas de vivienda y la extensión y nivel de integración hidráulica de los sistemas son las líneas de evidencia articuladas con mayor frecuencia para sustentar las interpretaciones en torno a las políticas económicas del pasado. Sin embargo, dadas las dificultades inherentes al fechado de campos de cultivo, no hay aún una interpretación definitiva, y no debe dejarse de lado la posibilidad de que las distintas formas de campos elevados reflejen respuestas culturales a las condiciones hidráulicas o ecológicas específicas de cada microrregión. Resulta probable que ciertos grupos de camellones hayan sido el producto de largos procesos de construcción comunal, mientras que otros fueran construidos de manera más bien rápida, a instancias de un poder central (véase discusión en Bandy, 2005).

Según Delgado (2002: 36), la fertilidad natural del suelo en la parte baja de la cuenca del Guayas, alrededor de los poblados de Milagro, Taura, Durán y Yaguachi, es baja y sólo un 16% del área de estudio es adecuada para la agricultura sin drenaje, pues el exceso de agua inhibe los procesos de podogénesis y modificación. Su estudio concluye que el poblamiento de esta zona fue más bien rápido y tardío, con una marcada tendencia a la centralización de sitios habitacionales —asignados a la cultura Milagro-Quevedo (período de integración, 750-1550 d. C.)— alrededor de los más grandes conjuntos de tolas, como Jerusalén (figura 6), Cerrito Rico y la Ensena. Este patrón de asentamiento le sugiere la existencia de una fuerza centrípeta alrededor del poder político de los curacas o caciques (2002: 198). La necesidad de congregar poblaciones estaría dada por los requerimientos de mano de obra para la construcción y el mantenimiento de las tolas y, especialmente, de

Fig. 6. **Ganado vacuno pastando alrededor de un montículo artificial o tola, en el sitio arqueológico de Jerusalén** (Guayas, Ecuador). Se aprecian los surcos característicos de la agricultura mecanizada

Foto: el autor

los sistemas agrícolas. Para el Guayas, Mathewson (1987: 259-262) estima que una persona podía mover 1 m^3 de tierra seca y 2 m^3 de tierra húmeda por día, por lo que sugiere que el inicio y el fin de la temporada seca eran las mejores épocas para la construcción de camellones. Sin embargo —aunque el sustrato geológico sobre el que están construidos los camellones de la cuenca baja del Guayas corresponde a aquel sobre el que se yerguen tolas como Jerusalén, Cerrito Rico y La Ensena (Florencio Delgado, comunicación personal)—, es importante recalcar que actualmente no se observan campos elevados alrededor de las concentraciones de tolas más significativas, como Jerusalén (Delgado, 2002; y observación personal, 2007) y Churute (Buys y Muse, 1987, citado en Mathewson, 1987: 287).[2]

En la actualidad sólo una pequeña minoría de la población ecuatoriana reconoce las profundas transformaciones antrópicas que han forjado el paisaje del

[2] Para sustentar esta aseveración Mathewson (1987: 287) cita a Marcos (1981), pero este trabajo no incluye referencias a Churute o Jerusalén.

Guayas. Más allá del interés de académicos, estudiantes e individuos respecto a la recuperación de esta tecnología indígena —acaso inspirados por los pequeños pero importantes campos experimentales realizados por la ESPOL—, es evidente que pobladores rurales marginales han reconocido la alteración del paisaje, pues la aprovechan activamente. Sobre la carretera Guayaquil-Durán, por ejemplo, es posible ver restos de campos elevados en muy mal estado de conservación. Pese a ello, los terraplenes antiguos son aprovechados por campesinos sin tierras como áreas de asentamiento. Además, practican una agricultura de roza y quema a pequeña escala (figura 7). Similares casos de reutilización espontánea han sido observados en La Laguna, Esmeraldas (Alexandra Yépez, comunicación personal, 2007). Estas prácticas prescinden de la inversión de trabajo para mantener las zanjas de drenaje —tarea difícil, en cuanto la construcción de la carretera ha formado un dique que altera los flujos hidráulicos antiguos— y no hay evidencia de trabajo para elevar los terraplenes o mejorar el flujo de nutrientes en el suelo. Sin embargo, cabe incluir estas experiencias en cualquier intento de recuperar esta tecnología en el litoral noroccidental andino.

Mientras tanto, los sedimentos arrastrados por las inundaciones que los antiguos pobladores aprovechaban para fertilizar los campos elevados de la cuenca del Guayas se han convertido en un problema. La creciente sedimentación del río Guayas ha afectado negativamente la navegación, dificultando la entrada y el anclaje de barcos de gran calado y haciendo inutilizables siete de los once muelles existentes a lo largo del río, al punto que éste fue declarado en emergencia por el presidente Álvaro Noboa, en 2003. A lo largo de las últimas décadas el Estado ecuatoriano y la ciudad de Guayaquil han invertido millones de dólares en estudios y dragado, con resultados poco convincentes (i. e., *El Mercurio*, 2005; *Expreso*, 2007).

Algunas de las principales causas de este problema, conjuntamente con la deforestación en las partes altas de la cuenca, son la creciente destrucción y erosión del paisaje transformado a lo largo de siglos en función de necesidades de drenaje locales y puntuales. Así, el paisaje actual de la cuenca del Guayas está marcado por las labores de los ingenieros de la Comisión para el Estudio de la Cuenca del Guayas (CEDEGE), quienes —a lo largo de años de trabajo— han transformado el paisaje, logrando reducir significativamente las grandes inundaciones estacionales. Por ello, la cantidad de sedimentos que llega a los ríos es mayor, y, donde se encuentran con la marea, éstos forman bancos e islotes. Por otro lado, los predios

Fig. 7. **Reocupación de campos elevados antiguos para la agricultura de subsistencia, a las afueras de Guayaquil** (Guayas, Ecuador)

Foto: el autor

cercanos a los ríos, principalmente haciendas, tienen mayor facilidad para acceder al agua de los mismos, mientras que quienes están alejados de ellos —pequeños agricultores, en su mayoría— han venido sintiendo la afectación negativa de los campos de cultivo. Así, la recuperación de las tecnologías indígenas de la cuenca del Guayas ofrece una vía alterna para enfrentar no sólo la sedimentación fluvial, sino la creciente marginación de amplios sectores de la población urbana y rural.

Los campos elevados de la cuenca del lago Titicaca

Los 1200 km² (120.000 ha) de *suka kollu* —también conocidos como *waru waru*, camellones o campos elevados— abandonados que aún se observan en el altiplano del Titicaca, entre los 3800 y 3900 m de altura, representan la mayor extensión de humedales de altura habilitados para la agricultura en el continente americano (Erickson, 2000). Fueron construidos —y abandonados— antes de la llegada de los incas a la región, en el siglo XV, y eran una importante fuente de productos agrícolas para los pueblos de la cultura Tiyawanaku (Tiahuanaco, Tiwanaku 1800-800 a. p.), sustentando altas densidades poblacionales (Erickson, 1993; Bandy, 2005).

Desde su redescubrimiento en la década de 1960, y en especial desde la década de 1980, los *suka kollu* se han convertido en uno de los sistemas agrícolas antiguos más estudiados del continente. Los principales debates académicos han girado en torno a los orígenes, crecimiento y abandono de esta tecnología. Dos posiciones han dominado la discusión, hasta hoy irresuelta. Ambas están de acuerdo en que se trata de sistemas diseñados para intensificar la producción agrícola en un medio ambiente difícil. Según la hipótesis vertical (*top-down*), de Alan Kolata (v. gr., 1993, 1996), la construcción de este gran sistema reflejaría la creciente centralización del Estado indígena Tiwanaku, que habría impulsado la intensificación como estrategia para sustentar una creciente burocracia. La hipótesis horizontal (*bottom-up*), de Clark Erickson (v. gr., 1988*a*, 1993, 1999), en cambio, sostiene que la intensificación tuvo orígenes locales, campesinos, y que las comunidades o *ayllus* decidieron invertir su trabajo en la construcción y el mantenimiento de estos sistemas en ausencia de mecanismos de coerción estatal. Para deslindar estas hipótesis, los investigadores se han dado a la difícil tarea de precisar las fechas de construcción y abandono, así como el ritmo de crecimiento del sistema (ver campos elevados del Guayas, arriba), determinar la inversión de mano de obra necesaria para la construcción y el mantenimiento, las tasas de producción agrícola y los beneficios agroecológicos del sistema.

Esta antigua tecnología indígena —conocida como *suka kollu,* en aimara, y *waru waru,* en quechua—, ha generado un importante volumen de proyectos de desarrollo orientados a su recuperación, a partir de su redescubrimiento arqueológico en la década de los ochenta. Pese a los altos rendimientos demostrados, 11 a 22 t/ha de papa (De la Torre y Burga, 1986: 76), y a las reiteradas loas de estos esfuerzos (i. e., Denevan, 2001; Restrepo, 2004), las entrevistas realizadas a fines de 2007 con técnicos peruanos y bolivianos que participaron en estos proyectos arrojaron un estimado de abandono de un 90% de las aproximadamente 420 ha recuperadas en las últimas dos décadas (Alipio Canahua, comunicación personal, 2007; César Díaz, comunicación personal, 2007). El colapso de estos proyectos a los pocos años de la retirada de las agencias —gubernamentales, mixtas u ONG— sugiere serias limitaciones conceptuales y de comunicación, entre agrónomos y personal técnico, antropólogos y arqueólogos, y las comunidades locales (figura 8).

Fig. 8. **Los campos elevados de Chuqñakuta (Chojñocoto), rehabilitados en las décadas de 1980 y 1990 como parte de experimentos agroarqueológicos (Puno, Perú).** Adela Cuela, regidora del distrito de Huatta, señaló la parcelación de tierras comunales, la agricultura mecanizada y el fomento a la ganadería entre las causas del abandono. La última siembra —de cebada para forraje— se realizó en 2003 (cf. Erickson 1996: figs. 49, 53)

Foto: el autor

Parece irónico que, pese a los esfuerzos invertidos por comprender la organización social que dio lugar y permanencia a los *suka kollu* en el pasado, no haya sucedido lo mismo en el presente. La primera ola de proyectos de reconstrucción, en la década de 1980, se caracterizó por el asistencialismo. Demostrando una visión determinista de la tecnología, se procedió a recuperar los camellones pagando la mano de obra local con dinero o herramientas, aplicando los resultados de las investigaciones en Huatta en el ámbito regional, con la aparente convicción de que las altas tasas de productividad llevarían automáticamente a la socialización de la tecnología (figura 9). La planificación de las intervenciones del Proyecto Interinstitucional de Waru Waru (PIWA), por ejemplo, fue centralizada, burocrática y débilmente concertada.[3] Ante la aguda escasez de fuentes de ingresos monetarios, las comunidades campesinas tienden a aceptar cualquier oportunidad laboral. Esta coerción estructural es congruente con la marcada orientación vertical que caracterizó la diseminación del conocimiento, y que recuerda el modelo *top-down*. Un ejemplo de ello es la existencia de dos tipos de cartillas —ambas excelentes—: una para personal técnico y otra para los campesinos locales. Las altas tasas de abandono de camellones reconstruidos en las áreas de intervención de los grandes proyectos orientados a una producción mercantil —estatales y de las ONG—, a la vez que la experimentación y apropiación social de esta tecnología para una agricultura de subsistencia en las familias extendidas y en algunas comunidades, dan pie para inclinarse por la hipótesis horizontal, al menos en lo que respecta a las vías para la rehabilitación actual.

Fig. 9. **La recuperación de campos elevados por jornaleros.** Nótese la dinámica de trabajo y compárese con la figura 11
Foto: PIWA (2001: 86)

[3] Al darse cuenta de que los incentivos monetarios —de hasta 330 jornales por hectárea— tenían efectos contraproducentes, en 1995 el PIWA pasó a ofrecer semilla en calidad de préstamo —reembolsable— e incentivos materiales en herramientas, siete palas y siete picos por hectárea, por ejemplo (Jaime Villena, comunicación personal, octubre de 2007).

La distribución de *suka kollu* se concentra alrededor del lago en las zonas planas del anillo circunlacustre y áreas anegables hacia el norte, oeste y sur del lago. El 92% se halla a menos de 30 km del mismo (Denevan, 2001: 256). De modo similar a lo que sucede en el Guayas, es posible determinar diferentes patrones en distintas zonas. Denevan (2001: 258-262) diferencia seis patrones principales: damero abierto, terraplenes irregulares, ribereño, lineal, escalonado, y en forma de peine. Por su extensión, se destacan las áreas alrededor de los poblados de Huatta, entre Paucarcolla y Juliaca; al sur de Pomata; sobre el río Desaguadero y en la Pampa Khoani, entre Tambillo y Aygachi, aunque en general su distribución es bastante dispersa, con numerosos parches más bien pequeños que aprovechan áreas pantanosas, incluso las pequeñas hendiduras en el terreno llamadas *qutañas* o *q´otañas* (ver abajo). Sin embargo, cabe recordar que muchas áreas probablemente han sido destruidas por inundaciones y sedimentación y el uso del arado mecanizado.

En el momento de la Conquista, buena parte del paisaje altiplánico había sido transformado en áreas productivas, agrícolas y pastoriles, creando una cuenca antropogénica de 57.000 km^2, en la que no sólo encontramos campos elevados, sino también grandes extensiones de terrazas —aproximadamente 500.000 ha—, huertas hundidas, *q'ocha* o pozas —distribuidas en un área de 530 km^2 (Flores Ochoa et ál., 1986, 1996; Erickson, 2000)—, pastizales de regadío o bofedales artificiales (Palacios Ríos, 1977, 1981, 1996), así como ríos, quebradas y manantiales modificados, canales, caminos, reservorios, corrales, jardines, cementerios, torres funerarias *chullpa*, centros ceremoniales y asentamientos.

Basado en la excavación de diferentes tipos de camellones antiguos en el área de Huatta, Erickson (1986*a*, 1986*b*, 1987, 1988*a*, 1988*b*, 1993) concluye que los primeros camellones fueron construidos alrededor de los 3000 años a. p. (fines del período inicial o inicios del formativo); su distribución en toda la cuenca se habría dado ya durante el período intermedio temprano (2200-1400 a. p.). Luego de un posible hiato en la construcción y el uso de *suka kollu,* entre los 1600 y 1000 años a. p., se sucedió una segunda fase de construcción, que asocia a los señoríos aimaras entre los 1000 y 500 a. p. Esta fase culminó abruptamente con la profunda reorganización de los sistemas productivos y de asentamiento, causada por la llegada de los incas y la posterior desestructuración colonial de los grupos étnicos.

Fechar el abandono de esta tecnología es tan difícil como determinar su origen, o incluso más difícil. El silencio de las crónicas sugiere que las poblaciones del altiplano no la practicaron durante la Colonia, posiblemente debido al énfasis en la ganadería de llamas y alpacas desde antes de la Conquista, el colapso poblacional y —quizás— factores climáticos. Sin embargo, y pese al énfasis en el total olvido que se repite en la literatura académica, los comuneros de la Comunidad Campesina Caritamaya (CCC, distrito de Ácora), al igual que otras en la región Puno, aprovechan sus conocimientos y experiencias de cultivo en *wachus* —chacras con surcos más profundos y lomos más altos que lo habitual, aunque mucho más angostos y bajos que los camellones antiguos, por lo que sus efectos de termorregulación son limitados— en los *suka kollu* que mantienen como parte de sus *aynuqa*.

Las *aynuqa* o *aynoka* son una singular tecnología andina de producción agrícola muy compleja y de considerable profundidad temporal. Se trata de "espacios de gestión comunal sectorial" para el "manejo y la vigilancia concertada de cultivos distantes a las viviendas familiares" (Canahua et ál., 2002), en los que la labor colectiva de las familias que participan con su trabajo y su semilla continuamente transforma espacios en el paisaje en campos con altas tasas de producción, desplegando un denso y vívido mosaico social. El término aimara *aynuqa* también se traduce como festín o convite (figura 10), mientras que en quechua se conocen los términos *manta* y *laymi* (Canahua et ál., 2002). Cabe citar aquí las observaciones de Canahua y sus colegas en torno a su manejo en el altiplano de Puno:

> La gestión corresponde a la asamblea y autoridades de cada organización campesina (comunidades, parcialidades y centros poblados); la misma que consiste en la rotación de *aynokas*, nominación de vigilantes por cada año agrícola, fijación de normas, sanciones y recompensas por los servicios de vigilancia. En el caso de tierras comunales (Azángaro y Lampa) las asambleas acuerdan la cesión en uso de parcelas agrícolas (leguas) en cada *manta o aynoka* en función a la participación en los trabajos comunales, especialmente. [...] [E]l área cultivada por familia, varía de 930 a 6333 m^2, en función a las zonas agroecológicas y zonas homogéneas de producción, cultivos y presión demográfica pero, en conjunto, son espacios y paisajes de cultivos de alrededor de 10 a 100 ha. [...] Proyectos como AGROPUNO del Ministerio de Agricultura en los años 1995 a 2000 [...] intentaron mecanizarlas con una visión de agricultura extensiva y "moderna", previa integración parcelaria,

intentos que no tuvieron respuesta de las organizaciones campesinas, excepto en algunos terrenos comunales para el cultivo de avena y cebada forrajeras solamente. Estos terrenos, ahora en su gran mayoría, están expuestos a las erosiones eólica e hídrica. (Canahua et ál., 2002)

La CCC sostiene cuatro *aynuqa*, que varían en su ubicación, extensión (aproximadamente 10 a 50 ha), características hídricas, de suelo y microclimáticas. La producción se reparte, principalmente, para el autoconsumo familiar a lo largo del año, aunque se tiende a vender una parte de la producción en el mercado. La porción mercantil —generalmente, los frutos más grandes de la primera cosecha o los excedentes de la última— dependerá de las estrategias y posibilidades de cada familia en el momento, por lo que la calidad de los productos en venta varía considerablemente. Los inventarios de agrobiodiversidad realizados por Alipio Canahua, Mario Tapia, Antonio Ichuta y Zacarías Cutipa (2002) en las diferentes zonas agroecológicas trabajadas por 80 comunidades campesinas de Puno —incluida la CCC— arrojaron entre 58 y 135 variedades de papa y entre 22 y 32 variedades de quinoa en cada una.

Una de las *aynuqa* de Caritamaya se encuentra actualmente en el sector Titijo, y fue allí donde tuve el privilegio de observar y participar en la recuperación de tecnologías indígenas. Por invitación de Sandino, un joven dirigente de la comunidad, pude participar en la *challa* —consagración e inicio simbólico— de una de las grandes empresas comunales de la campaña agrícola 2007-2008.

Llegamos tarde y la reunión parecía estar concluyendo. Más allá de los relictos de los antiguos *suka kollu* que ondulan la pampa al lado de la carretera, se divisaba una mancha de gente rodeada de bicicletas. Sentados a lo largo de tres *warus* —como los llaman con afecto los mayores que participaron en la primera ola de entusiasmo emprendedor pagada con dinero en efectivo, semilla o herramienta por agencias del estado y las ONG (figura 9)—, los representantes de unas cien familias escuchan atentamente a sus oradores. Por turnos, parados frente a la mesa divinatoria y de ofrenda a la *Pacha mama* —que les ayudará a tomar las decisiones estratégicas necesarias—, recuerdan, reflexionan, critican, instruyen y exhortan a su comunidad a participar con brío y orgullo en la tarea comunal. Sobre el lomo del *suka kollu* central una *chaki taklla* —el arado de pie emblemático de la milenaria tradición agrícola andina— marca un segundo centro de la reunión.

Fig. 10. ***Aynuqa* también significa festín o convite**. (Sector Titijo, Comunidad Campesina Caritamaya, distrito de Ácora, Puno, Perú). En él participan los miembros de la comunidad que trabajan y se benefician de la faena, compartiendo la diversidad de productos que cada familia siembra y cosecha en las *ayunuqa*. Para mantener el sistema es importante que todos se sientan satisfechos

Foto: el autor

Tras exponer, a sugerencia de Sandino, nuestro interés en la recuperación de tecnologías indígenas y de comparar la frialdad de imponentes obras hidráulicas abandonadas al calor de una comunidad viva, dos equipos de voluntarios empezaron a demostrar la rehabilitación del *suka kollu* central. Cada equipo constó de una línea de tres hombres que con sus *chaki taklla* cortaban arcos en la dura tierra superficial que una, dos o tres mujeres iban volteando, ayudando a las palancas en el momento preciso, para luego romper los terrones más grandes con picos, mazas o *rawqana*, o con la mano (figura 11). A ritmo pausado, con precisa coordinación —y acompañadas del alcohol y la hoja de coca, infaltables en momentos festivos—, diez personas rehabilitaron dos metros lineales de un campo elevado en poco más de quince minutos.

Así, los miembros de algunas familias de la CCC transformaron un diminuto espacio de las planicies anegables alrededor del Titicaca en un reloj solar. Más conocidas como *qutaña* o *qucha*, se trata de campos elevados circulares, irrigados y drenados por un canal central, que aprovechan leves depresiones del terreno. De manera similar a los campos elevados alargados, los benéficos efectos térmicos y edáficos reducen considerablemente el riesgo de una mala cosecha. Por ello, las *aynuqa* no sólo son espacios de producción de autoconsumo, sino que constituyen grandes semilleros en rotación permanente, compartidos por aquellas familias de la comunidad que participan activamente. En la práctica hacen *aynuqa* y transforman el sustantivo en verbo.

La tecnología recuperada por los comuneros de Caritamaya no replica los campos elevados antiguos ni se ciñe a los manuales técnicos; reinventa la tecnología en términos propios, incluso rebautizándola. Al igual que la adopción espontánea por parte de agricultores individuales (Pari et ál., 1989: 35-36, citado en Erickson 2006; cf. PIWA, 1996), la tecnología de los *suka kollu* es apropiada a

Fig. 11. **Rehabilitación de campos elevados con *chaki taklla*** en el sector Titijo de la Comunidad Campesina Caritamaya, distrito de Ácora, Puno, Perú
Foto: el autor

partir de los saberes tradicionales y dentro de marcos de referencia culturales propios. La diferencia fundamental radica en que su adopción como parte de la estrategia comunal *aynuqa* sugiere una socialización profunda y duradera. En vista de la latente preocupación por la sustentabilidad, el mantenimiento anual y los períodos de descanso (UNEP, 1997), esto resulta muy relevante. Así, los cálculos de costos de rehabilitación por hectárea —USD 250 a 2000 para andenes, según Gonzales de Olarte y Trivelli (1999)— no proveen índices comparativos adecuados, pues presumen la inversión de mano de obra asalariada, cuando es posible demostrar que la rehabilitación tiende a funcionar mejor en contextos comunales, cuya lógica antepone la subsistencia y el manejo de riesgos a largo plazo, frente a la producción mercantil.

Un aspecto significativo del caso de Caritamaya es que el diálogo en torno a la rehabilitación de tecnologías se dio en lengua aimara. En él participó activamente el ingeniero puneño Alipio Canahua, veterano experto en la rehabilitación de camellones y terrazas. A diferencia de los grandes proyectos auspiciados por el PELT en la década de 1980, su injerencia en Caritamaya fue mínima. En el nivel técnico facilitó acceso a equipos de geometría, niveles y cintas métricas, para determinar la dirección de los flujos de agua y la mejor orientación del canal central (figura 27). Económicamente, actuó como interlocutor con la ONG italiana Slow Food Movement, que facilitó un incentivo inicial de USD 8000 en 2005, principalmente para el pago y traslado de los técnicos y alquiler de equipos de topografía. Para 2008, se puede concluir que la rehabilitación de tecnología ancestral en Caritamaya forma parte de un proceso comunitario, autogestionado y exitoso. He allí su logro sustantivo.

Presas, represas y su recuperación

Pensar en presas en la actualidad inevitablemente evoca imágenes de espejos de agua represados por altos muros de concreto, como los de la represa de Asuán, en el Nilo egipcio; grandes plantas hidroeléctricas como las que actualmente se construyen en Tres Gargantas, sobre el Yangtsé chino, y en Hamdab, sobre el Nilo sudanés; y de desplazamiento masivo, destrucción del patrimonio cultural y fuerte impacto ambiental, como recalcan los opositores al proyecto Ilusu, sobre el Éufrates kurdo y a Belo Monte, sobre el Xingú amazónico. Es necesario borrar estas imágenes para aprehender las presas y represas de la región andina como estrategias originales de manejo de la disponibilidad del agua.

En primer lugar, es necesario recalcar que la disponibilidad de agua es notoriamente irregular en la zona andina tanto en el tiempo como en el espacio. Es por ello que el uso de presas para retener agua y sedimentos tiende a complementar la modificación de las superficies de cultivo mediante terrazas para formar sistemas agropastoriles integrados al nivel de cuenca. Ante la presente agudización de la irregularidad hídrica, las presas, represas y reservorios antiguos han empezado a merecer una mayor atención por parte de los especialistas (Herrera, 1998: 227-233; Erickson, 2000; Salomon, 2001; Denevan, 2001; Lane, 2005, 2006, 2007), pese a que muchas han sido remodeladas o reconstruidas sin tener en cuenta la tecnología hidráulica antigua.

Cuatro razones principales ayudan a explicar la escasez de investigaciones en torno a las presas andinas. En primer lugar, persisten dudas sobre la efectividad del represamiento como una estrategia para el manejo de cuencas mediante la recarga del acuífero subterráneo y la alimentación de la capa freática (Denevan, 2001; Scarborough, 2003; cf. Lane, 2005). En segundo lugar, muchas represas —las más grandes— han seguido en uso continuo a lo largo de la era colonial y republicana, por lo que han sido objeto de remodelaciones que dificultan reconocer su antigüedad e historia constructiva; esto sucede, por ejemplo, cuando las presas de piedra y barro son revestidas de cemento. Muchas otras, más pequeñas, se hallan en zonas remotas, cercanas a las cabeceras de las cuencas ubicadas por encima de los 4500 msnm y lejanas de los pueblos actuales. En tercer lugar, hay un gran número de presas difíciles de reconocer como tales, porque no forman espejos de agua y almacenan la mayor cantidad de agua en el subsuelo, aprovechando la geología. Las presas filtrantes de la alta Cordillera Negra, por ejemplo, no fueron diseñadas para la agricultura, sino para el pastoreo. Por ello, han escapado de la atención de arqueólogos y antropólogos hasta hace poco o han sido mal interpretadas como represas de agua colmatadas. Finalmente, existen represas estacionales de gran antigüedad que siguen siendo utilizadas y mantenidas por comunidades indígenas asentadas en lugares áridos, como las penínsulas de La Guajira, en Colombia, y Santa Elena, en Ecuador. Mientras que las primeras no han sido objeto de investigación antropológica significativa, sino de proyectos de recuperación por parte del Estado, las últimas han sido objeto de un reciente e importante estudio arqueológico y antropológico orientado a alentar su recuperación (Marcos, 2004; Álvarez, 2004). Sólo es posible especular que el escaso interés por recuperar estos sistemas se debe a profundos cambios en las estructuras económicas regionales —a favor de la ganadería, el turismo receptivo, la cría de camarones y el comercio e industria de derivados pesqueros—, que han hecho de la agricultura una actividad marginal.

Fuentes etnohistóricas del siglo XVI mencionan la construcción de represas por orden de deidades y con la intervención de ancestros míticos, indicando una importancia considerable en la época precolonial. En la sierra de Huarochirí, por ejemplo, el ancestro mítico Collquiri construye, con ayuda de sus ayudantes humanos Llacsamisa y Rapacha —ancestros del pueblo de Concha—, "una muralla grande" sobre el lago de Yansacocha, y marca en ella los cinco niveles que indicarían a Llacsamisa y sus descendientes cuándo abrir las diferentes exclusas para irrigar sus sementeras (Taylor, 1999: 419). A partir de su estudio de éstas y otras fuentes, Salomon (2002) recientemente redescubrió y excavó parte de esta represa, hoy llamada Yanascocha. La documentación de litigios indígenas publicada por Rostworowski (1988) permite identificar otras represas en la sierra central de Perú. Hacia el sur, Donkin (1979) localizó presas asociadas a sistemas de terrazas precoloniales en Sabandía y Characoto, ubicadas en Arequipa. En el noroeste argentino, la situación no es clara, pero las características de un puente identificado por Rodolfo Raffino le sugieren a Lane (2005: 179) que se trataría de una presa que, a la vez, servía de camino.

La escasez de presas a lo largo de la Cordillera Central de los Andes probablemente se vincula a la presencia de abundantes glaciares, pues las aguas provenientes del deshielo ofrecen fuentes de agua estables que hacen menos urgente la construcción de represas que la de reservorios de menor envergadura. Algo similar ocurre en la vertiente oriental de la Cordillera Oriental, donde los niveles de precipitación son altos. Sin embargo, existen restos de extensos sistemas hidráulicos antiguos en la árida cuenca interandina del alto Marañón, incluida la represa de Vicrococha o *Wigru qucha,* ubicada por encima del poblado de Yauya (figura 12). Los reportes de represas en la zona costera son escasos, aunque destaca la mención de *tajamares* en las quebradas del alto valle de Chira (Regal, 2005 [1970]: 40). El mantenimiento de reservorios adyacentes a los campos de cultivos parece

Fig. 12. **Vista aérea de la represa de *Wigru qucha*** (Yauya, Perú). La evidencia arqueológica asociada abarca desde los 3000 años a. p. hasta la época inca, lo cual sugiere su importancia para la irrigación. Durante una sequía en la década de 1980 una de las dos bocatomas de la represa fue destruida para salvar cosechas, lo cual ha reducido la capacidad de recarga
Foto: Servicio Aerofotográfico Nacional (Perú)

representar una forma preferida de almacenar agua en la Antigüedad (Farrington, 1980; Netherly, 1984).

La edad de las presas y represas andinas es difícil de determinar con precisión a partir de la evidencia disponible. Engel (1976, citado en Denevan, 2001: 143) ha sugerido que los agricultores tempranos utilizaban presas de desviación para irrigar áreas cercanas a las desembocaduras de ríos costeños. Sin embargo, la mayoría de las represas identificadas en la literatura datan de los últimos siglos antes de la Conquista, aunque es probable que muchas de ellas hayan sido construidas y remodeladas a lo largo de siglos.

Las presas de control de avenidas (*check dams*), construidas perpendicularmente al curso del agua para frenar la velocidad —y potencial fuerza destructiva— de las quebradas estacionales, son las más antiguas que se pueden fechar con alguna certeza. Éstas retienen sedimentos y humedad, que favorecen una vegetación más rica y duradera a lo largo de la época seca. Su presencia en las pequeñas quebradas que cruzan las extensas necrópolis del sitio arqueológico de *Aukis marka* / Pueblo Viejo, en las faldas occidentales de la Cordillera Blanca, sugieren una fecha coetánea con la ocupación del sitio, que se habría iniciado alrededor de los 2200 años a. p. (Herrera, 2009). La asociación de la presa de *Wigru qucha*, que alimenta un extenso sistema de irrigación que incluye múltiples reservorios y áreas de terrazas, con estructuras —funerarias y ceremoniales— del período intermedio temprano y el horizonte medio sugiere una antigüedad de 2000 años a. p., aunque su apariencia actual probablemente se vincula a la ocupación inca en esta zona (Herrera, 1998; cf. Herrera, 2005).

Los jagüeyes de la península de Santa Elena

Las albarradas o jagüeyes son presas de tierra en forma de arco halladas en zonas áridas, desde la costa norte del Perú (Antúnez de Mayolo, 1986: 176; citado en Denevan, 2001: 160) hasta La Guajira (Vergara, s. f.), que capturan agua lluvia y escorrentía para la agricultura, el pastoreo, y su uso doméstico y recreativo. El almacenamiento de agua eleva el nivel freático, recarga los acuíferos y alimenta una rica vegetación que da lugar a ecosistemas antropogénicos de gran diversidad biótica. En la península de Santa Elena su funcionamiento es particularmente notorio en los años en que el fenómeno de El Niño (El Niño Southern Oscillation, ENSO) ocasiona una precipitación superior a la normal. En estos años, los jagüeyes se llenan al máximo, dejan pasar el excedente y represan agua que revierten durante meses, alimentando la capa freática lentamente. Bajo las áridas condiciones climáticas de la península, caracterizadas por bosques y matorrales secos tropicales, los jagüeyes crean parches de bosque artificiales (figura 13).

El registro más completo procede de la península de Santa Elena, Ecuador, cuyos jagüeyes han sido objeto de un importante estudio interdisciplinario, en el que se ha determinado la existencia de 369 estructuras hidráulicas —antiguas y recientes—, de las cuales 252 (68%) son jagüeyes tradicionales en funcionamiento, aunque con una gran variabilidad en cuanto a la regularidad de su mantenimiento (Marcos, 2003; Álvarez, 2004). Pese al conocimiento y prácticas tradicionales, los intentos recientes de recuperar jagüeyes con maquinaria pesada han obtenido

Fig. 13. **El jagüey o albarrada de San Javier (provincia del Guayas, Ecuador)** cuenta con un canal alimentador y un rebose o desfogue. La vegetación arbórea forma parte del conjunto y propicia la diversidad biótica local así como las visitas de bañistas de la comuna de Tugaduaja y alrededores

Foto: el autor

Fig. 14. **El fallido rediseño de la albarrada de Enyamuco** —para crear áreas de esparcimiento en la comuna de Manantial (cantón Santa Elena, provincia del Guayas, Ecuador)— implicó la remoción con maquinaria pesada de las capas de sedimentos arcillosos asentadas a lo largo de siglos de trabajo manual, así como de buena parte de la vegetación arbórea

Foto: el autor

resultados negativos (figura 14), debido al incipiente conocimiento de las características propias de estas estructuras hidráulicas indígenas.

La primera mención escrita de los jagüeyes de la península de Santa Elena fue realizada por el célebre y tergiversado conquistador y cronista español Agustín de Zárate. En su *Historia del descubrimiento y conquista del Perú* anota que "La tierra es muy seca, aunque llueue a menudo; es de pocas aguas dulces que corren, y todos beuen de pozos de aguas o de aguas rebalsadas que llaman agüeyes" (sic) (Zárate, 1995 [1555]: 34). El fechado de muestras de carbón procedentes de jagüeyes excavados en la comuna de Muey demuestra una ocupación a partir de la fase Engoroy medio (2500 a. p.), hasta 550 a. p. (Marcos y Bazurco, 2006: 99). Sin embargo, Marcos (s. f., 1995, 2000) considera probable que su construcción se inicie alrededor de 3800 a. p. —durante la fase Valdivia VIII del Formativo Tardío—, cuando se intensifica la producción agrícola. A diferencia de muchas áreas de terrazas y campos elevados, los jagüeyes han continuado en uso a lo largo de las épocas colonial y republicana. Actualmente, la rehabilitación periódica —anual— se hace más difícil en aquellos lugares en donde la organización comunal se debilita, al punto que esta labor comunal —crucial para la buena salud de los jagüeyes— se ha convertido, en algunos sectores, en un castigo alternativo para delitos menores (Álvarez, 2004).

El tamaño de los jagüeyes depende, en buena medida, de las superficies de escorrentía. En las zonas bajas y planas, éstas podrán ser más grandes, dado que la velocidad del agua efectúa una presión menor que en las zonas de pendiente pronunciada. Según los estudios de campo de la ESPOL (Marcos, 2004), la gran variabilidad interanual en la velocidad del agua no fue adecuadamente considerada en la construcción de tapes en los cauces de los ríos o esteros, por parte de distintas entidades gubernamentales, lo que ha significado la destrucción del 69% de estas estructuras hidráulicas modernas.

> Del trabajo de ingeniería hidráulica de INERHI de 1965 no queda mucho en la península, salvo las represas del Azúcar y San Vicente [...]. Otra gigantesca obra de ingeniería hidráulica que tiene problemas, es la del trasvase de agua del río Daule hacia la represa de Chongón y la red de canales de riego implementada por CEDEGE [...] (Marcos, 2004).

En cambio, Marcos y su equipo hallaron que los jagüeyes más antiguos tienden a ser los mejor conservados. ¿Acaso éstos se vuelven más sólidos con el tiempo? La respuesta, afirmativa, parece vinculada al hecho de que los aporcamientos de suelo se realizan lenta, periódica y sistemáticamente sobre los muros antiguos. La compactación paulatina de capas delgadas de tierra arcillosa y humus superpuestas regularmente les da más resistencia a los muros, haciendo también más lenta la infiltración (Marcos, 2004). Resulta muy probable que este descanso de la capas de tierra sea decisivo para mejorar las propiedades de los muros, de manera similar a lo que sucede en la fabricación de adobes y tapiales. Las muy difundidas prácticas de descansar la tierra antes de su uso para construcciones y vasijas indican un conocimiento indígena de los principios de autoorganización en silicatos laminares, el material plástico que predomina en tierras arcillosas. La figura 15 sintetiza los principales beneficios y usos asociados a los jagüeyes de la costa del Guayas, en la actualidad.

1. Pozo interno asociado a la albarrada
2. Pozo externo asociado a la albarrada
3. Acuífero alimentado por la albarrada
4. Formaciones geológicas permeables o semipermeables
5. Área de aportación
6. "Lechuguín" (*pistia stratiotes*)
7 y 8. Muro de albarrada (7. Cabeza, 8. Brazo)
9. Bosque
10. Comuna
11. Área de desfogue

Fig. 15. **Principales efectos hídricos** (almacenamiento de agua y alimentación de la capa freática), **microclimáticos** (temperatura y humedad relativa local) y **ecológicos** (fauna y flora asociada) de los jagüeyes de la península de Santa Elena

Foto: Álvarez et ál. (2004: 329)

Presas y represas en la Cordillera Negra

En la alta y árida Cordillera Negra del noroccidente peruano se han identificado más de treinta presas y reservorios arqueológicos (Freisem, 1998; Herrera, 2005; Lane, 2005), lo cual ha permitido un estudio a profundidad de su distribución, diferencias morfotecnológicas y antigüedad (Lane, 2006, 2009). Sin embargo, la rehabilitación de represas en ésta y otras zonas de los Andes ha avanzado a un paso más acelerado que el estudio del origen y características de los sistemas hidráulicos indígenas. La escasa comunicación entre los diferentes actores sociales —los directivos y técnicos de las instituciones estatales y las ONG, las comunidades locales y los investigadores— ha derivado en la ejecución de grandes obras de poca duración. Los reservorios y presas de cemento tienen una vida útil de años o décadas, mientras que algunos de sus homónimos precoloniales continúan intactos, en funcionamiento parcial y con uso esporádico, luego de cinco o seis siglos sin mantenimiento.

La distribución de presas y reservorios en la Cordillera Negra pone en evidencia un manejo integrado de cuencas hídricas similar en escala al modelo para el manejo de cuencas (*watershed-management*) desarrollado en los Estados Unidos a inicios del siglo XX y difundido en todo el mundo, desde la década del setenta, por los estrategas de la Organización de las Naciones Unidas para la Agricultura y la Alimentación (FAO) y la Comisión Económica para América Latina y el Caribe (CEPAL) (Salas, 1989; citado en Freisem, 1998). Las presas de gravedad se ubican en las partes más altas de la cordillera, algunas por encima de los 5000 m de altura, y represan agua en depresiones naturales o lagunas extendidas. En las cabeceras de los valles, por encima del área cultivable (4000 msnm), se hallan presas filtrantes o de colmataje, compuestas de sólidos muros de contención diseñados para retener sedimentos, que a su vez crean humedales artificiales, algunos de considerable extensión. Las presas filtrantes revisten particular interés, debido a su asociación directa con el pastoreo de alpacas, actividad recientemente reintroducida a la región por proyectos de desarrollo impulsados por las ONG y el Estado, que se discuten más adelante. La zona agrícola bajo irrigación, caracterizada por terrazas, canales y reservorios, se encuentra por debajo de las represas de limo, alrededor de los 3800 msnm. La diferencia principal es la organización social de su manejo. Tradicionalmente, las modalidades de manejo de la cuenca son negociadas entre los grupos locales asentados a lo largo de los diferentes cursos de agua utilizables. La visión 'moderna', en cambio, implica la existencia de un poder central de decisión y control. La presencia de un sitio administrativo inca en la Cordillera Negra sugiere que ambos modelos de manejo no necesariamente son mutuamente excluyentes (cf. Lane, 2009).

La ocupación agrícola de la Cordillera Negra se remonta a los albores de la era cristiana (2.000 a. p.), correspondiente al período intermedio temprano (Lau, 2002; Lane, 2005; Herrera, 2005), aunque existen indicios de ocupación anterior (Mejía Xesspe, 1957). En la cuenca alta del río Nepeña, por ejemplo, los asentamientos más importantes, como Pichiu y Huáscar, se ubican cerca de laderas amplias, fértiles y fáciles de irrigar a partir de manantiales o *pukyu* locales. La intensa y continua ocupación de los bolsones agrícolas contrasta con la ocupación de las partes más altas, más bien extensa y de poca profundidad.[4] Es aún materia de estudio si la colonización tardía de la puna fue iniciativa de los grupos de agricultores asentados valle abajo, o si se trató de una inmigración que condujo al asentamiento de grupos de pastores desplazados (Duviols, 1973; Herrera, 2005; Lane, 2005; cf. Parsons et ál., 2000). Los asentamientos del Horizonte Medio ubicados sobre el límite superior del área cultivable —el ecotono Suni-Puna— en la vertiente oriental de la cordillera sugieren una creciente importancia económica de la actividad pastoril durante la segunda mitad del primer milenio de nuestra era.

La gran inversión de trabajo en infraestructura hidráulica sugiere, por otro lado, la cooperación de grupos de beneficiarios, acaso incluyendo a los agricultores asentados en las partes medias y bajas de los valles. Fuentes etnohistóricas relatan la participación de pobladores *yunga* —de las partes bajas— en los trabajos de mantenimiento de acequias en las partes altas, como retribución por el derecho de uso de aguas provenientes de las montañas tutelares de los pobladores de las alturas (Rostworowski, 1988). Estos convenios interétnicos eran materializados simbólicamente mediante entierros y ofrendas y actualizados mediante la veneración común y recurrente de ancestros y lugares sagrados.

[4] Cabe la posibilidad de que, como enfatiza Lane (comunicación personal, 2008), las ocupaciones de pastores más antiguas, de baja visibilidad arqueológica, aún no hayan sido identificadas.

Terrazas, canales y su recuperación

Al igual que las terrazas arroceras del sudeste asiático, las terrazas agrícolas andinas, o *pata*, en quechua, se han convertido en un emblema, un símbolo de identidad para la región. Su amplia distribución —desde Argentina y Chile hasta Colombia (Denevan, 2001)— va de la mano de una diversidad de formas. Masson (1986: 208) estimó la existencia de 1.000.000 de hectáreas de terrazas en Perú, cifra posteriormente revisada entre 500.000 y 600.000 ha (Masson, comunicación personal; citada en Denevan, 2001: 175). La cifra dada por el Instituto Nacional de Recursos Naturales (INRENA, 1996) es de poco menos de 300.000 ha, diferenciando ocho grados de conservación —desde andenes bien conservados con uso permanente (5,3%), hasta derruidos sin uso agrícola (15,7%)—, cifra que excluye terrazas sin muros de piedra. A diferencia de la creciente importancia global de los antiguos sistemas de terrazas y canales para el cultivo de arroz en Asia, la tecnología indígena asociada al cultivo de maíz en los Andes se halla en decadencia.

Pese a su importancia simbólica, a los efectos benéficos para la agricultura y a múltiples esfuerzos por impulsar su recuperación, la tendencia al abandono de terrazas persiste, con pocas excepciones (Fonseca y Meyer, 1979; Masson et ál., 1996; Rodríguez y Kendall, 2001; Kendall, 1997, 2005; Gonzales de Olarte y Trivelli, 1999). El abandono está ligado a factores como la disponibilidad de agua, cambios demográficos y migración, la disponibilidad de fuerza de trabajo, el acceso a mercados, el régimen de tenencia de tierras, la erosión de los conocimientos tradicionales vinculados a su uso y mantenimiento y —especialmente— la desestructuración de las comunidades campesinas, cuya labor colectiva coordina estos sistemas agrícolas complejos.

La gran diversidad formal de terrazas puede llegar a disimular factores constantes: una alta inversión de trabajo para mejorar el suelo; estrategias para favorecer la acumulación de sedimentos y un aprovechamiento eficiente del agua disponible. Denevan (2001: 175-182) diferencia cinco tipos o formas básicas de terrazas: las presas de control de avenidas (*check dams*); las terrazas del fondo de cauces (*cross channel terraces*); las terrazas en ladera (*sloping field terraces*); los andenes, takanes o bancales (*bench terraces*) y las terrazas del fondo de valles (*broad field bench terraces*). Los andenes y las terrazas del fondo de valles tienden a ser irrigados y se caracterizan por muros —de piedra o tierra— más bien altos, superficies de cultivo relativamente planas que permiten una adecuada distribución del agua y una sucesión de tierra y cascajo, para facilitar el drenaje. Las anteriores aprovechan el agua lluvia y la escorrentía, y se caracterizan por superficies inclinadas que se adecúan al contorno de las laderas o a los cauces de quebradas estacionales.

Los orígenes de las terrazas de cultivo en los Andes centrales probablemente se remontan al tercer milenio antes de nuestra era. Brooks (1998) sugiere una fecha alrededor de 4400 a. p. para terrazas de secano en el valle del Colca, Arequipa, mientras que Grieder y Bueno (1988) proponen una fecha ligeramente posterior —entre 4350 y 3345 a. p.— para las terrazas con riego en el valle del río Tablachaca, en Ancash. La relativa simpleza con la cual es posible modificar pendientes hace probable que su invención independiente se haya dado en distintos lugares, por lo que la amplia distribución de terrazas en los Andes no es necesariamente el resultado de una difusión cultural. En este lugar enfocamos dos ejemplos que representan extremos opuestos en términos de la investigación, el interés público y los intentos de recuperación: el valle del Urubamba o Vilcanota, en Cusco (Perú), y los valles Calchaquíes, en Salta (Argentina).

En los áridos valles Calchaquíes, amplias áreas de terrazas del fondo de valles se encuentran en parches dispersos, algunos de ellos de considerable extensión. Su abandono y la aridez actual disimulan sistemas de regadío complejos que aprovechaban de manera eficiente e ingeniosa la escasa pluviosidad y el agua del deshielo estacional del nevado Cachi. Sin embargo, pese al evidente retroceso de la frontera agrícola y de la cobertura glaciar, las tecnologías agrícolas indígenas del noroeste argentino no han merecido mayor atención académica ni ocupan un lugar significativo en la memoria colectiva. En cambio, desde la década de 1970, e incluso antes, el curso medio del valle del Urubamba, más conocido por el nombre acuñado por la industria del turismo —el "valle sagrado de los incas"—, se ha convertido en el ejemplo básico de lo que es un paisaje cultural, por lo que ha suscitado un alto grado de interés académico (i. e., Regal, 2005 [1970]; Bolin, 1987; Barreda, 1983; Sherbondy, 1986; Bauer, 1998), a la vez que turístico. En esta zona se encuentra una alta densidad de terrazas irrigadas de elaborada manufactura —23.675 ha de andenes o bancales, según la aproximación del INRENA (1996)—, con historias de uso sostenido a lo largo de las eras colonial y republicana.

Terrazas y canales en Cusco (Perú)

El valle del Urubamba y sus laderas profundamente transformadas por la construcción de terrazas y canales son, para muchos, el paisaje andino ejemplar. A la sombra de las nevadas montañas tutelares Ausangate (Valderrama y Escalanate, 1975), Sawasiray, Pitusiray (Sánchez y Golte, 2004; Sánchez 1992), y otras, los bancales, terrazas y canales describen un paisaje tecnológico, a la vez que ofrecen un espectáculo estético. Sus antiguos pobladores controlaron el agua, fertilizaron los suelos y adecuaron la rotación de cultivos en función de los pisos térmicos (altura), las variaciones locales en la disponibilidad de agua (sombras de lluvia, quebradas y manantiales estacionales), pestes y, probablemente, el flujo de nutrientes en el suelo (Donkin, 1979; Earls y Silverblatt, 1981; Earls, 1986, 1989; Denevan, 2001). Sin embargo, la monumentalidad de la transformación denota una motivación colectiva superior a la mínima necesaria para lograr un control de complejidad similar sobre las variables ecológicas y agroclimáticas que caracterizan la agricultura de altura.

El complemento de sacralidad y tecnología en los paisajes agrícolas incas, tanto en el valle del Urubamba como en todo el Tawantinsuyu, materializa una posición política, que reclama, y a la vez sustenta de manera simbólica, los derechos de uso sobre el paisaje vivido (D'Altroy et ál., 2007; Herrera, 2005 [2003]). En otras palabras, las relaciones sociales entre grupos humanos asentados en un mismo valle se hallan inscritas en el paisaje. El mensaje inscrito en las monumentales terrazas del Urubamba se vincula a los poderosos derechos de uso excluyente que ejercían los cultos a las momias ancestrales de los gobernantes incas veneradas en Yucay (Huayna Cápac), Ollantaytambo (Pachakuti) y Machu Picchu (Topa Inga Yupanqui) (véase Niles, 1999).

A lo largo de los siglos XV y XVI los esfuerzos de sucesivas *panacas*, las familias de élite encargadas del culto a las momias de incas difuntos (Rostworowski, 1989), transformaron profundamente el paisaje de la región del Cusco y, en particular, de la cuenca del río Vilcanota. En su estudio de la irrigación inca, Farrington (1980) describe el canal de Quishuarpata, ubicado en el valle de Cusichaca, al norte de la ciudad de Cusco, para ejemplificar esta tecnología hidráulica. Bordeado por bloques canteados de andesita, este canal de 80 cm de ancho y 30 cm de profundidad presenta una gradiente promedio del 13%, con secciones de hasta un 64%

a lo largo de sus 6 km de recorrido. El canal de Quishuarpata se alimenta de un río a 3500 msnm, pero a su paso recoge el agua de tres quebradas. El control de la velocidad del agua es una de sus características principales.

La historia antigua de la agricultura en terrazas en la zona de Cusco es una materia de estudio incipiente, acaso por el énfasis en la investigación de la ocupación inca. Estudios bioarqueológicos de una columna de polen extraída del lago Marcacocha, en el valle del Patacancha, tributario del Urubamba, indican que el uso agrícola intenso de la zona se remonta a más de 4000 años a. p. (Chepstow-Lusty et ál., 1998; Chepstow-Lusty y Jonsson, 2000). Las recientes excavaciones en Kasapata, Cusco (Bauer, 2007), hallaron restos humanos en un pequeño poblado preagrícola muy temprano —6500-5100 a. p.—, cuyo patrón de patologías sugiere una paulatina adopción del sedentarismo, acaso vinculado a una horticultura incipiente (Sutter y Cortez, 2007). Los resultados de Chepstow-Lusty et ál. (1998) sugieren una deforestación inicial relativamente rápida y amplia, ligada a una adopción generalizada de la agricultura en la región. Esta primera fase agrícola, de tres milenios de duración, daría paso a una segunda fase, caracterizada por un incremento sustancial de la población de altura, después del año 1100 d. C., según los fechados del valle del Patacancha. Otros investigadores han notado cambios similares en los patrones de asentamiento en la sierra central y norcentral del Perú (Seltzer y Hastorf, 1991; Herrera, 1998), y es probable que éstos se hallen vinculados a una importante fase de cambio climático que precedió el ascenso político del Tawantinsuyu. En términos de la tecnología utilizada, es menester señalar que las terrazas del valle de Cusichaca probablemente incluyen tierra traída del fondo de los valles (Keeley, 1985: 563; citado en Denevan, 2001: 38).

La buena conservación, monumentalidad, uso continuo e interés público en las terrazas incas del valle del Urubamba han despertado gran interés por su mantenimiento y recuperación desde la época colonial. Así lo indican las ordenanzas del virrey Toledo (1569-1581) relativas a la reparación de las terrazas o andenes (Regal, 2005: 49). En la actualidad, predominan dos orientaciones marcadamente distintas. La refacción de terrazas a gran escala por parte del Estado peruano se ha centrado en áreas de interés turístico y monumentos nacionales declarados. Grandes extensiones de terrazas alrededor de Chinchero, Pisac y Machu Picchu, especialmente, así como buena parte de Moray y Choquequirao, han sido refaccionadas por personal del Instituto Nacional de Cultura de Cusco, utilizando técnicas tradicionales para la factura de los muros. Sin embargo, sólo una diminuta fracción se halla bajo cultivo ocasional, en parte debido a que no se prestó la misma atención a los suelos, ni al estudio bioarqueológico de los sistemas antes de la refacción.

En cambio, las labores de restauración de terrazas y canales de la ONG Cusichaca Trust en el valle de Cusichaca —afluente del Urubamba en su parte media, entre Cusco y Machu Picchu— y en otros lugares de la sierra sur se han centrado en la rehabilitación de sistemas de terrazas para el cultivo mercantil por parte de las comunidades locales, utilizando para ello técnicas tradicionales y modernas. Estos trabajos, dirigidos por Ann Kendall, quien investiga la agricultura inca desde la década de 1970, abogan por la necesidad de capitalizar el paisaje; en sus propias palabras: "La rehabilitación de canales y terrazas depende de que tanto el suelo como el agua se conviertan en capital natural, es decir, capitales o inversiones que pueden ser valorizados en los mercados" (Rodríguez y Kendall, 2001: 2). El énfasis en la recuperación por la vía mercantil, una de las tres vías diferenciadas en el estudio económico de Gonzales de Olarte y Trivelli (1999), toca un tema de fundamental importancia para las decisiones de los actores locales en torno al mantenimiento y refacción de sistemas de terrazas: los derechos de propiedad sobre el agua y la tierra y la inserción de la producción en un contexto de mercado.

Terrazas y canales en el noroeste argentino

Los valles Calchaquíes (departamento de Cachi, provincia de Salta) ejemplifican el escaso trabajo realizado sobre las tecnologías agrícolas indígenas en el noroeste argentino (NOA), incluso en regiones de aridez extrema —como el entorno del nevado de Cachi—, que poseen sistemas hidráulicos complejos en buen estado de conservación. Arqueólogos locales y extranjeros han desplegado múltiples esfuerzos investigativos para entender las dinámicas poblacionales y el impacto de la expansión inca en esta zona (D'Altroy et ál., 2000, 2007; Tarragó, 2003) pero no hemos tenido noticia de intentos de aplicación de los conocimientos concernientes al manejo del agua y de la tierra.

Hasta hace pocas décadas la tierra era concebida por los arrendatarios y puesteros como el medio para la autosubsistencia familiar, mientras que los hacendados devengaban ingresos del trabajo de los arrendatarios y de la venta en el mercado de la producción de las tierras no arrendadas. El régimen de hacienda del siglo XX, heredero de la tradición colonial, se halla en una coyuntura de parcelación, especialmente fuerte en Cachi y alrededores, debido en parte a la demanda vitivinícola, turística y de residencias campestres. Los proyectos productivos de los nuevos propietarios intensifican la producción agrícola destinada al mercado —local, nacional e internacional—, invirtiendo gran esfuerzo en hacer productivas tierras antes no destinadas a tal fin. Sin embargo, existe una explosión de tensiones en torno al agua, dado que el régimen de parcelación no reglamenta, por ejemplo, los turnos de riego para cada propietario ni su uso hotelero. El incremento del uso de pozos particulares para satisfacer la creciente demanda, conjuntamente con el retroceso glaciar, auguran un período de escasez. Las tecnologías indígenas demuestran un uso muy diferente de este paisaje, ofreciendo alternativas de manejo que aún no han sido consideradas seriamente por los diferentes actores locales.

Los restos materiales del pasado del noroeste argentino (NOA), en general, y de los valles Calchaquíes, en particular, se hallan íntimamente ligados al desarrollo de la arqueología en Argentina y han atraído el interés de investigadores desde el siglo XIX (Tarragó, 2003). Sucesivos investigadores argentinos y extranjeros han localizado y registrado sitios con infraestructura hidráulica antigua, terrazas agrícolas y posibles corrales en Cachi, Molinos, Quebrada Arteaga, Quebrada El Toro y La Campana, entre otros (Baldini, 2003, y comunicaciones personales de Christian Vitry y Antonio Mercado, 2007).

El interés académico por las terrazas y canales precoloniales de la zona de Cachi surge a inicios de la década de 1970, durante el breve período de influencia de la arqueología social marxista en Argentina, previo al golpe de Estado militar de 1976. El énfasis teórico en los modos de producción del pasado dio lugar a un fuerte interés por estudiar la materialidad de la agricultura indígena, incluida la entonces novedosa perspectiva ecológica. Sin embargo, la represión y censura afectaron duramente todos los ámbitos del quehacer académico e intelectual argentino, e incluyeron la desaparición de la imprenta de un texto clave: los manuscritos de las actas del III Congreso Nacional de Arqueología Argentina de 1974 (Tarragó, 2003: 33-34).

Los estudios realizados antes y después de esta época generalmente vinculan los sistemas de terrazas y canales a la ocupación inca, debido a la fuerte influencia quechua en esta región entre 1470 y 1530.[5] Cabe poca duda, sin embargo, de que los grupos indígenas de la zona —hablantes de la lengua cacán, llamados diaguitas o calchaquíes por los españoles y autodenominados *paziocas o pacciocas*— desarrollaron sistemas agropastoriles propios. Al igual que la historia de los grupos indígenas cachis, chicoanos opulares, payogastas, takigastas, atapsis, ampaxis, escoipes, luracataos y humanaos, entre otros, sus sistemas de manejo técnico del paisaje aún son poco conocidos.[6]

Las terrazas y los sistemas de riego indígenas fueron abandonados en su totalidad durante la era colonial, aunque es posible que algunas partes continuaran en uso. Los chicoanos opulares, habitantes de la parte norte del valle de Calchaquí, probablemente fueron los últimos habitantes indígenas del extenso sitio de Las Pailas, aproximadamente 700 ha, de las cuales unas 500 corresponden a campos de cultivo irrigados, drenados o aterrazados (figura 16). El sitio presenta una ocupación continua de 1700 años de duración (Baldini, 2003). Los chicoanos opulares son forzosamente trasladados por los españoles a la reducción jesuita en Valle del Erma, alrededor del año 1700.

Fig. 16. **Las terrazas agrícolas y canales subterráneos en Las Pailas (Cachi, Salta, Argentina)** sugieren técnicas de irrigación complejas. En primer plano se observa un abrevadero para vacunos, alimentado mediante la excavación de una naciente de agua
Foto: el autor

5 Excepciones incluyen los trabajos de Tarragó y Núñez Regueiro (1972) y Kiscautzky (1994), citados en D'Altroy et ál. (2007: 89-90).

6 Para un acercamiento a los paisajes simbólicos de la zona, véase González y Vitry (2006).

Pese a la buena preservación y a la creciente presión sobre el agua y la tierra en la región salteña, no ha habido esfuerzos por rehabilitar los sistemas de producción antiguos; al parecer, la idea simplemente no ha surgido. Sin embargo, hay que destacar recientes esfuerzos de recuperación de memoria impulsados por el Programa Social Agropecuario (PSA) del Ministerio de Agricultura (Christian Vitry, comunicación personal, 2007). Según el ingeniero Ramiro Ragno —quien realizó investigaciones en este sentido en la zona limítrofe de Salta y Jujuy desde la Universidad Nacional de Salta y trabajó con el Instituto Nacional de Tecnología Agropecuaria (INTA) en la recuperación de acequias en las zonas de Nazareno, Iruya y Santa Victoria Oeste, en las nacientes del río Paraná—, hasta hace veinte años el Estado argentino afectó negativamente las formas de organización y comunidades indígenas, para favorecer el latifundismo. Es recién después de la era militar que se da una inyección de asistencialismo, lo cual crea nuevas dependencias entre ciertos sectores sociales, dividiendo a la población entre aquellos beneficiados por los intendentes y concejales de turno, y los demás. El problema puntualizado para justificar la reciente intervención estatal en Nazareno —intervención que rompe la tradición histórica del control y manejo local del recurso acuífero— es la sobrecarga de pastoreo. Sin embargo, la identificación del problema estaría errada, pese a estar basada en datos científicos, dado que existe una profunda incomprensión del funcionamiento de los sistemas agropastoriles tradicionales.

Desde la perspectiva campesina, el problema central actual en Nazareno, en particular, y el NOA, en general, es la lucha por títulos de propiedad comunal. Así, la comunidad de Nazareno busca la adjudicación de títulos de propiedad a partir de la herencia de la fallecida señora Hortensia Figueroa de Campero, última propietaria de la finca Santa Victoria Oeste, sin herederos reconocidos. Escribía Gregorio Caro Figueroa en 1970 que

> El dilatado feudo de Santa Victoria, de 213.000 hectáreas y que representa más de la mitad de la superficie total del departamento del mismo nombre, era arrendado al ingenio azucarero de Patrón Costas y proporcionaba únicamente mano de obra para la zafra azucarera. [...] es un fundo [...] sin ningún tipo de explotación, y sin indicios de cambios mínimos dentro del sistema [económico feudal] (Caro Figueroa, 1970; cf. Caro Figueroa, 2006).

El reconocimiento de la propiedad comunal a las comunidades podría ser una manera de empezar a saldar la deuda histórica dramáticamente descrita en la *Historia de la gente decente en el norte argentino...* (Caro Figueroa, 1970; cf. Caro Figueroa, 2006). Sin embargo, una demanda más inmediata por parte de las comunidades visitadas por Ragno es la de asistencia técnica y educación. El Instituto Nacional de Asuntos Indígenas (INAI), institución en la que las comunidades tienen una participación autogestionada, nominalmente es la institución estatal encargada. Sin embargo, el Instituto Provincial de Asuntos Indígenas (IPAI) de Salta fue intervenido por presuntos casos de malversación de fondos, lo cual cortó la autonomía local para desarrollar políticas concretas.

Siguiendo un patrón ampliamente difundido en el área andina, las comunidades campesinas tradicionales del NOA tienden a elegir voceros que 'hablan bien'. Sin embargo, estas personas no actúan en representación. El contrato social indígena no contempla la noción de delegados-encargados. Por ello, las autoridades tienden a considerar la negociación con las comunidades indígenas como un proceso difícil y poco efectivo, incluso ineficiente.

El sistema de manejo tradicional en Santa Victoria es vertical, y abarca desde los 1500 hasta los 4000 m de altura. Pueblos como Nazareno, Iruya y Pocaya se ubican alrededor de los 2500 m, pero las caminatas hacia las partes bajas son de dos días, y de un día para las partes altas. Cada comunero es propietario de un mosaico de chacras de secano y de riego, estas últimas concentradas entre los 2000 y 2500 m. La superficie de pastoreo se maneja comunalmente, y aunque está dividida por familias, cada una de ellas mantiene entre dos y cuatro asentamientos pequeños o puestos para esta actividad comunal.

La concentración de la precipitación anual de 500 a 600 mm entre enero y marzo, de la mano con las fuertes pendientes, hace necesario tener reservas de agua y sistemas de canales. Los encargados de las bocatomas de agua para cada canal principal son llamados tomeros. En esta zona,[7] se trata de un cargo no político, ni religioso; los tomeros son elegidos y convocan a tareas de limpieza y refacción según las necesidades.

[7] En las antiguas haciendas de la provincia de Cachi los tomeros eran los encargados de las bocatomas de cada una de las haciendas (Lane, 2007, ms.).

En este contexto, la demanda comunal ante los técnicos del INTA era cemento, aparentemente como reacción a una escasez de mano de obra. Sin embargo, los técnicos consideraban que 20 km de reparación de acequias en cemento era demasiado, por lo que sugirieron utilizar tubos. La comunidad inicialmente se resistió, especialmente los pobladores mayores. "Los abuelos no querían entubar", recuerda Ragno, quien resumió sus objeciones en dos frases: *El agua debe mirar al cielo* y *El agua se pierde en la cañería.* Cabe detenerse brevemente sobre estos argumentos para comprenderlos a cabalidad, pues la concepción del agua como un ente animado y la noción de pérdida merecen alguna explicación, dado que puede ser difícil —desde una perspectiva moderna y occidental— entender que el agua pueda mirar o perderse en tubos de cerámica, cemento o PVC diseñados precisamente para canalizar agua de manera invisible y sin dejar escapar nada.[8]

La vista al cielo, en primer lugar, puede ser interpretada como una alusión a la necesidad de oxigenar el agua. Dada la antigua y arraigada costumbre de utilizar el agua de las acequias para el uso y consumo familiar, podríamos pensar que los abuelos expresaban una preocupación por la salud comunal, y no necesariamente una visión romántica y conservadora —más acorde con el Romanticismo europeo que con el pensamiento andino—: que el agua debe fluir así porque siempre fluyó así.

En segundo lugar, el agua canalizada en un tubo o acequia de cemento se pierde, en el sentido en que se va, y no se queda. Continúa sin mojar la tierra y las chacras a su paso. El problema central, posiblemente, radica en lo que se considera pérdida. Desde la perspectiva andina —acaso una perspectiva compartida por todos los pueblos indígenas americanos que practican la agricultura—, la filtración es una constante, pero no necesariamente una pérdida. Pese a la escasa investigación arqueológica sobre sistemas de riego por infiltración, los ejemplos conocidos indican una diversidad de sistemas de amplia difusión en el tiempo y en el espacio, así como altos niveles de sofisticación.

Una observación adicional de Ragno da sustento a una interpretación animista. La comunidad de Nazareno no tocó los ojos de agua y vertientes, no se perforó,

[8] Dado que las entrevistas no fueron conducidas por el autor ni han sido transcritas ni grabadas, se trata de un ejercicio necesariamente especulativo.

pese a que —según los ingenieros— podían bajar hasta 0,5 m para aumentar el caudal. La sacralidad de los manantiales en los Andes centrales radica en un sistema de creencias que concibe la tierra como una entidad viviente, la *Pacha mama*. Las aberturas en la corteza terrestre —manantiales, cuevas, cavernas y abrigos rocosos, entre otros— son entradas o espacios de acceso que comunican el mundo de los vivos, el *kay pacha*, con el mundo inferior de los muertos, *uku pacha*. Así, perforar un ojo de agua constituye un ultraje a la *Pacha mama*. Desde una perspectiva occidental, también puede argumentarse que este tipo de perforaciones altera los flujos subterráneos de agua de manera negativa, dado que ayudan a bajar el nivel de la capa freática y, por ende, la cantidad de agua disponible en el subsuelo de una cuenca.

En las zonas más altas de Nazareno no fue necesario utilizar tubos, puesto que las comunidades son más fuertes, consolidadas y capaces de mantener en funcionamiento los sistemas de canales antiguos, de edad e historia desconocidas. Sin embargo, también recubrieron con cemento algunos sectores de los canales, siguiendo un rediseño del trazo negociado entre las comunidades y los agentes de la intervención estatal. Así, incluyeron tramos abiertos de hasta 200 m de largo, con infiltración controlada y acceso al agua para las familias vecinas. Esta creativa solución aprovecha una importante característica de la agricultura en los Andes: el manejo y control de la erosión mediante la modificación de pendientes y cursos de agua. A la vez, responde a un problema de creciente actualidad: múltiples declaraciones de derechos de propiedad sobre el agua.

Podemos concluir que el genio colectivo y la creatividad campesina aprovechan la tradición como fuente de soluciones híbridas en aquellos lugares donde hallan el espacio político necesario para negociar con efectividad. La fiesta de la diversidad celebrada regularmente en Nazareno, por ejemplo, materializa los logros en premios otorgados a las familias con mayor cantidad de variedades de productos, aproximadamente veinticuatro por familia. Mientras tanto, el Ministerio de Turismo de la provincia de Salta promociona los paisajes naturales y culturales de la región, transformados a la usanza mediterránea por el cultivo de frutas, en especial la vid. El papel de lo prehispánico en el discurso oficial tiende a limitarse al enriquecimiento de fiestas folclóricas tradicionales mediante la asociación con “los ritos prehispánicos propicios [sic] de las cosechas y las deidades de la tierra [sic] vinculados estrechamente a la Pachamama” (GPS, 2008).

La trayectoria histórica de la agricultura indígena en perspectiva

Las drásticas alzas en los precios mundiales de los productos agrícolas que forman la base de la alimentación mundial han dado lugar a una crisis alimentaria, forzando una urgente discusión en torno a las formas en que se producen, distribuyen y consumen los alimentos. En un reciente informe sobre el desarrollo mundial titulado *Agricultura para el desarrollo*, el Banco Internacional de Reconstrucción y Fomento y el Banco Mundial (2007) hacen énfasis en la agroindustria como un agente clave para la seguridad alimentaria, repitiendo el *dictum* según el cual la industrialización es la única forma viable de intensificación. Por ello, prevén una consolidación de las corporaciones transnacionales de alimentos y —tácitamente— una reducción en el número de agricultores. La visión de la agricultura de subsistencia como un relicto primitivo del pasado que ha de superarse, persiste. Sin embargo, los altos niveles de subsidios que la agroindustria recibe en la Unión Europea y Estados Unidos, contrastan con la mayor productividad, eficiencia y sustentabilidad ecológica que los pequeños agricultores tradicionales del mundo logran aplicando técnicas y conocimientos tradicionales a escala local, sin recibir incentivo ni apoyo alguno para ello. Se abre ante nosotros un panorama distorsionado.

Las tecnologías agrícolas andinas presentadas en este capítulo tienen una milenaria profundidad temporal. Algunas de ellas, como los jagüeyes de la península de Santa Elena y los lagos represados en valles interandinos, posiblemente se vinculan incluso a los procesos originales de domesticación de plantas y animales, hace más de 5000 años. Desde entonces, incontables generaciones de campesinos indígenas han logrado transformar el paisaje, domesticándolo y adaptando el desarrollo de sus tecnologías a condiciones sociales y ambientales cambiantes. La aproximación desde su materialidad, esencialmente arqueológica, pone en evidencia cómo, cuándo y dónde sucedieron estos cambios, con lo que ilumina la raíz de los problemas culturales específicos de cada época y región.

Los intentos de lograr una recuperación sostenida de campos elevados son más bien recientes y han obtenido resultados mixtos. Sin embargo, existe una importante base de información en torno a la distribución, características formales y orígenes de estas tecnologías, sus aspectos hidráulicos y agroecológicos, así como su agrobiodiversidad. Por otro lado, existe un amplio corpus de saberes y tradiciones campesinas —aún poco estudiados— que permite considerar factible la recuperación de campos elevados. El surgimiento de los movimientos indígenas en Ecuador y su importancia en la actual coyuntura política sugieren la posibilidad de una mayor decisión política para impulsar la investigación y el desarrollo de las tecnologías indígenas, en aras de recuperar las capacidades instaladas del pasado para beneficio de la seguridad alimentaria de poblaciones marginales, como aquellas que hoy habitan las llanuras aluviales anegables del Guayas y Esmeraldas, entre otros. Sin embargo, es conveniente encarar y aprender de los errores cometidos en el pasado reciente en Perú y Bolivia, a la vez que auscultar con detenimiento aquellos casos en donde los campos elevados recuperados han pasado a desempeñar una función importante como semilleros comunales y espacios de producción de autoconsumo, en particular, las *aynuqa*.

La escasez de intentos por recuperar presas y represas antiguas se debe en parte a la débil formación en tecnologías andinas que caracteriza a la gran mayoría de facultades de ingeniería en las universidades de los países andinos. Esta situación conduce a la elaboración de proyectos enfocados en represar grandes cantidades de agua para la irrigación. A diferencia de los sistemas autóctonos, que aprovechan la infiltración y manejan los niveles y flujos freáticos según las condiciones y posibilidades locales, la infiltración es considerada un problema que debe afrontarse mediante la construcción de reservorios y canales impermeables, lo cual aumenta el estrés sobre muros de concreto que no pueden ser reparados utilizando la mano de obra y materiales localmente disponibles. Por ello es frecuente ver presas y represas recientes convertidas en sitios arqueológicos (figura 17), mientras que muchas de las presas construidas antes de la Conquista siguen ofreciendo importantes beneficios (figura 18), algunas incluso pese a su parcial colapso.

El fracaso de los tenaces intentos de recuperación de jagüeyes en la península de Santa Elena —por el Proyecto Desarrollo de los Pueblos Indígenas y Negros del Ecuador (PRODEPINE), con el apoyo de la Federación de Comunidades del Guayas (FEDECOM-G) y la Universidad Estatal de la Península de Santa Elena (figura 14)— puede atribuirse, irónicamente, a la fe y el entusiasmo que la maquinaria pesada —trenes, tractores, montacargas y camiones— suscita entre quienes han visto en la histórica negación del acceso a las máquinas una barrera para su desarrollo. El jagüey destruido en Chanduy ejemplifica el potencial destructivo de la

Fig. 17. **Reservorio de cemento construido en una quebrada estacional (comunidad campesina Cruz de Mayo, Huaylas, Perú) roto por la presión de las avenidas luego de menos de una década de uso.** A diferencia de las quebradas aterrazadas antiguas —cuyos muros de piedra dejan pasar el agua y retienen humedad— los reservorios de cemento son difíciles de reparar

Foto: el autor

maquinaria pesada. La remoción de las capas arcillosas sedimentadas a lo largo de siglos aumentó la permeabilidad, por lo que la represa se secó rápidamente. La tala de la vegetación aceleró el proceso de desertificación, y la remodelación —a fin de hacer espacio para un campo deportivo— implicó la reubicación de la estructura, afectando negativamente su cuenca de captación. Futuros intentos de recuperación deberán incidir más en el encuadre social y las prácticas tecnológicas, poniendo de relieve la importancia de la cooperación comunal regular y el estatus y la categoría de la esforzada labor manual que mantiene viva la original tecnología americana tejida alrededor de los jagüeyes. Un primer paso, difícil pero prometedor, sería la rehabilitación manual tradicional de los jagüeyes afectados, con la participación activa de los ingenieros, técnicos y trabajadores directamente responsables.

Fig. 18. **La represa de *Toqlla kita* se mantiene en buen estado y es aprovechada ocasionalmente para el pastoreo.** Su rehabilitación para la irrigación agrícola es un proyecto municipal en gestación (distrito de Pamparomás, Huaylas, Perú)

Foto: PIAP

Los intentos de recuperar la tecnología hidráulica en la Cordillera Negra, en cambio, se han limitado a aprovechar el lugar de presas antiguas para levantar presas modernas. Un ejemplo es la presa de Pacarinancocha, reconstruida en la década de 1970 sobre las bases de una presa indígena, cuyas características nunca fueron registradas (figura 19). El uso de concreto significó un gran esfuerzo financiero y logístico, que a la vez dificulta el mantenimiento por parte de la población local. Severamente agrietada en la actualidad, sigue siendo una importante fuente de agua para la irrigación en el valle del río Loco. Sin embargo, dada la alta incidencia sísmica en la zona, esta recuperación constituye un riesgo creciente para las poblaciones ubicadas en la parte baja de la cuenca.

El alcalde de un distrito predominantemente indígena en la Cordillera Negra explicó con las siguientes palabras un aspecto conceptual adicional referente al uso de ciertos materiales: “Si la obra no lleva cemento no vale”. Es innegable que, como materiales constructivos, la piedra y el barro tienen actualmente un estatus

Fig. 19. **La presa de concreto de Pacarinancocha, construida sobre las bases de una represa antigua que elevaba el nivel de agua de una laguna de altura, presenta rajaduras preocupantes**. Su nombre, “laguna del origen” o “del surgimiento”, sugiere una importancia simbólica de larga data (distrito de Pamparomás, provincia de Huaylas, Perú).

Foto: PIAP

asociado más bien bajo frente al cemento y el concreto reforzado con varillas de hierro. Sin embargo, el hecho de que se trata de bienes comerciales —insertados en la lógica de mercado— también evita a las autoridades la necesidad de crear consenso en torno a la realización de una obra, pudiendo prescindir de la participación activa de todos los beneficiarios. Esto rompe de plano con tradiciones de largo arraigo (Golte, 1980*b*). Además, el uso de materiales locales hace imposible el pago de comisiones por ventas, limitando las posibilidades para el enriquecimiento ilícito de funcionarios corruptos.

La recuperación de terrazas y canales antiguos ha sido una preocupación constante, irresuelta desde la era colonial. En uno de los pocos trabajos al respecto desde una perspectiva económica, Gonzales de Olarte y Trivelli, a partir de un estimado para la reconstrucción de una hectárea de andenes en los departamentos de Cusco, Lima y Cajamarca, llegan a la conclusión del que "los campesinos de Cusco y Cajamarca estarían incapacitados para la reconstrucción puesto que su simulación de flujo de ingresos indica que incluso con un interés del 10%, efectuarían el pago [de USD 3143 por hectárea] en aproximadamente nueve años" (1999: 122-123); pese a una productividad mayor —un 13% en promedio por unidad de tierra—, comparada con las tierras sin terrazas. No viene al caso discutir las problemáticas econométricas específicas que subyacen a estos cálculos, en parte porque las principales ya han sido puntualizadas por Rodríguez y Hervé (2001), y en parte porque el resultado es evidente. Bajo las condiciones de mercado imperantes, la reconstrucción de andenes por la vía mercantil es una tarea poco lucrativa. Durante la última década los precios de los principales productos agrícolas altoandinos, a excepción de la quinoa, han tendido a la baja. Esto presiona al campesinado hacia la ganadería o al abandono de la actividad agropecuaria. Sin embargo, los cálculos de rentabilidad de la agricultura de altura ofrecen una visión peligrosamente sesgada y cortoplacista de la agricultura de subsistencia tradicional, en cuanto dejan de lado las múltiples "externalidades positivas", tales como la salud nutricional de las poblaciones locales, el manejo sustentable de los suelos y de las cuencas hídricas, la capacidad de inversión de trabajo en proyectos de mejoramiento a largo plazo, la agrobiodiversidad y el derecho a la autodeterminación cultural.

Para finalizar, cabe mencionar que la sustentabilidad agropecuaria se fundamenta, según Miguel Altieri (1987), en el desarrollo y aplicación de tecnologías apropiadas y accesibles, la conservación de los recursos productivos —la tierra y el suelo—, el desarrollo de las capacidades locales, la investigación participativa, un mercado justo y estabilidad política. Si a esto le sumamos algunos de los balances de la situación hídrica y agrícola que señalan un uso ineficiente del agua, la falta de una adecuada infraestructura de distribución y aforo, la gran cantidad de tierras con problemas de salinización (en Perú, cerca de 300.000 ha), la escasez de organizaciones de regantes con planes de mantenimiento y mejoramiento de la infraestructura y los elevados costos de los grandes proyectos de irrigación (USD 7.405.000.000 para diez "proyectos especiales" en Perú) (Prialé, 2005), la recuperación de tecnologías indígenas emerge como una alternativa factible y de bajo costo. Es necesario que la insistencia en tecnificar la agricultura de riego, capacitar a los actores locales y realizar inversiones públicas subsidiarias eficientes no se limite a reproducir aquellas costosas tecnologías que benefician principalmente al sector agroindustrial.

Las tecnologías del pastoreo andino

> Porque por vía ninguna estos indios,
> digo los serranos del Perú,
> pudieran pasar la vida si no tuvieran deste ganado
> o de otro que les diera el provecho que dél sacan [...]
> Pedro Cieza de León ([1554] 2000: 363)

El pastoreo es una actividad económica que crece a escala global, en la medida que la demanda de carne para el consumo humano directo viene aumentando vertiginosamente en el mundo desde el fin de la Segunda Guerra Mundial. Este proceso va de la mano con una alarmante tasa de extinción de especies domésticas, considerada por la FAO como un indicador de riesgo para la seguridad alimentaria del mundo. Mientras los sistemas pecuarios industrializados se expanden, frecuentemente a costa de la roza y quema de bosques nativos, los pastores y agricultores tradicionales que mantienen las especies y razas de animales mejor adaptadas a las condiciones locales se han visto relegados. En este sentido, los pastores tradicionales de llamas (*Lama glama*) y alpacas (*Lama pacos*) en los Andes no son una excepción.

El retroceso del pastoreo de camélidos es un proceso que continúa sin tregua desde el momento de la conquista europea, como relata al rey el cronista Pedro Cieza de León: "si los españoles con las guerras no dieran tanta priesa a lo apocar, no había cuento ni suma lo mucho que [de este ganado] por todas parte había" (Cieza, 2000 [1554]: 363). Las llamas y las alpacas son los dos animales originarios más importantes domesticados en el área andina, junto con dos razas de perros (*Canis familiaris,* viringo y peludo), el cuy, curí o cobayo (*Cavia porcellus*) y el pato negro o *muscovy duck* (*Cairina moschata*). Actualmente, el consumo de carne de camélidos se da principalmente en el ámbito rural, en forma de carne deshidratada, conocida por su nombre indígena como *charki* o charque. Si bien el estatus social asociado al consumo de alpaca se encuentra en transformación, gracias en parte a propuestas gastronómicas de la cocina novoandina, el estigma de la carne de llama como 'carne de pobre' persiste, no obstante, entre las poblaciones urbanas de estratos superiores.

Las llamas y alpacas no son consideradas razas domésticas en riesgo, pues se mantienen en niveles estables desde el siglo XX, aunque muy por debajo de la población anterior al colapso de mediados del siglo XVI. Se estima que existen alrededor de 3.750.000 alpacas y 3.300.000 llamas en Sudamérica. La mayoría de alpacas se concentra en las punas húmedas del Perú (aproximadamente 87%, SPAR, 2005), mientras que las llamas se encuentran principalmente en las punas más secas de Bolivia (70%) (Cardozo et ál., 1999). Los camélidos silvestres —el guanaco y la vicuña— tampoco se hallan amenazados por la extinción, aunque las actuales poblaciones remanentes, ampliamente dispersas en cinco países y estimadas en un total de 571.237 y 160.638 individuos, respectivamente, podrían declinar rápidamente sin los actuales esfuerzos de conservación (FAO, 2004).

La actual distribución de los camélidos domesticados en los Andes de Ecuador, Perú, Bolivia, Chile y Argentina (figuras 20 y 21) es el resultado de presiones directas e indirectas. Es más difícil exagerar la importancia económica y simbólica de las 'ovejas de la tierra' durante los siglos anteriores a la Conquista que sobredimensionar la severidad del colapso de los rebaños durante las décadas de 1530 a 1580 (Flannery et ál., 1989). Provistos de pocas defensas ante nuevos vectores infecciosos y contagiados por las garrapatas de las ovejas castellanas (*Psoroptis equi* variedad *Ovis*) (Flannery et ál., 1989: 102-103), en un contexto radical de desarticulación social, la caída poblacional de camélidos fue vertiginosa. Las llamas costeras probablemente fueron las primeras en sucumbir ante las pandemias. Los rebaños remanentes de llamas y alpacas fueron trasladados a las partes más altas y frías —por encima de los 3800 msnm— como medida de refugio, donde se les encuentra principalmente en la actualidad. Según Flores Ochoa (1982: 65), "los límites marginales de llamas y alpacas reflejan la marginalidad a la que se ha sometido a las poblaciones que las pastorean".

Entre las principales presiones indirectas está la adopción local de la oveja (*Ovis aries*) durante la era colonial. Este proceso no sólo se debe a la imposición, sin embargo, sino a la selección, adaptación e incorporación activa de esta especie

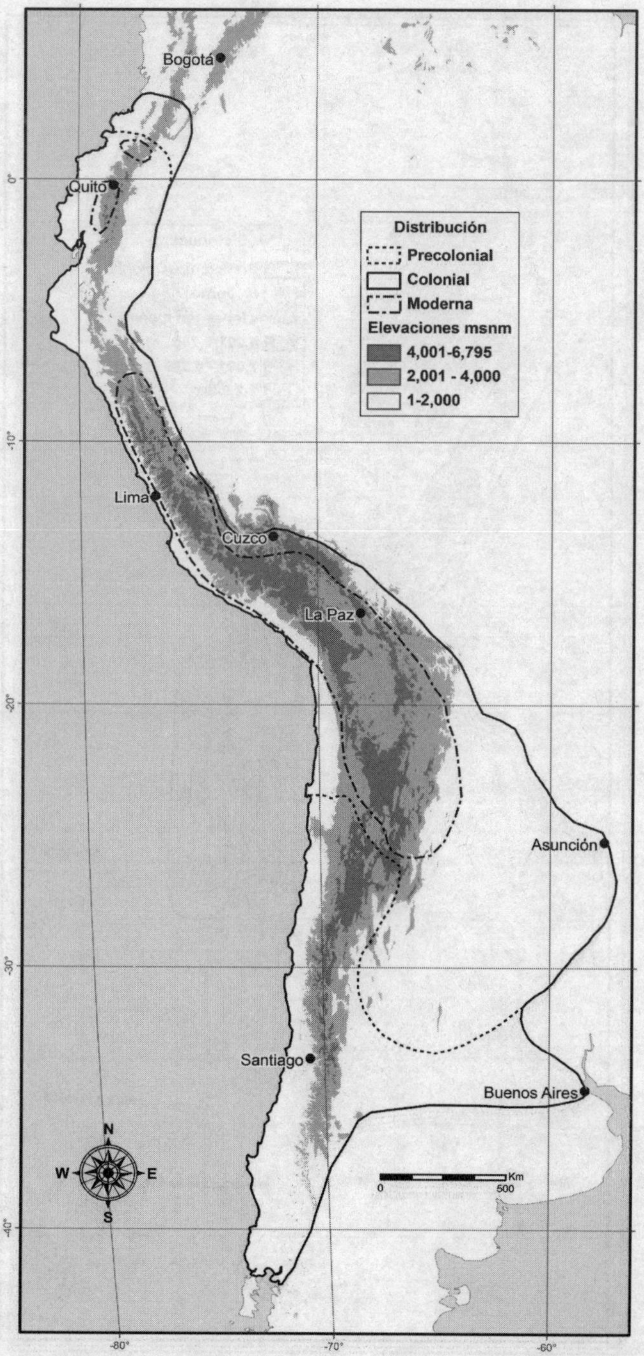

Fig. 20. **Distribución aproximada de las llamas en la época de contacto, durante la Colonia y en la actualidad**

Fuente: elaboración propia. Redibujado a partir de Bonavía (1996: figura 4)

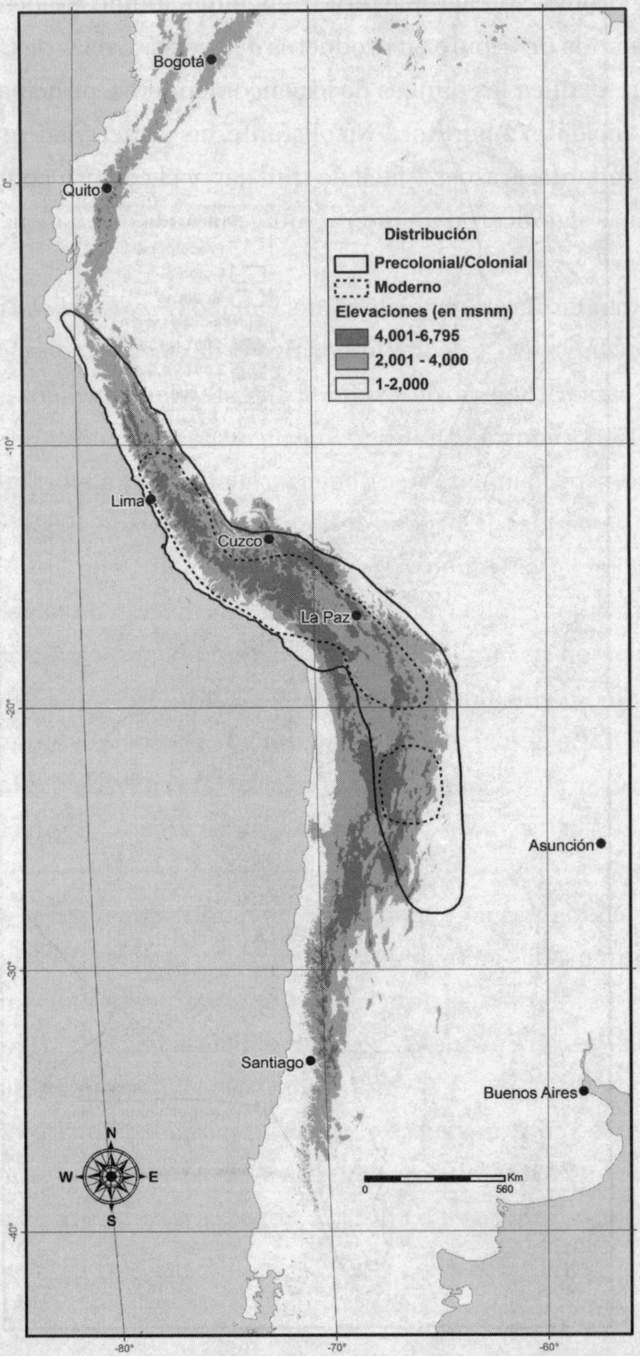

Fig. 21. **Distribución aproximada de las alpacas en la época de contacto, durante la Colonia y en la actualidad**

Fuente: elaboración propia. Redibujado a partir de Bonavía (1996: figura 5) al sistema de producción agropastoril tradicional andino (Gade, 1992). Inicialmente, la demanda de tributo en productos de ovejas, 'ovejas de Castilla' —para la producción textil en los obrajes de los encomenderos, principalmente— fue, sin duda, un aliciente importante. No obstante, las características mismas de la lana, más abundante, grasosa y fácil de trabajar, y el colapso poblacional de las llamas y alpacas significaron un interés indígena en la diversificación de la producción pastoril.

Del mismo modo, la adopción local del caballo (*Equus caballus*), el burro y la mula (*Equus asinus*) tuvo aspectos impositivos y de elección consciente. La mayor capacidad de carga promedio de los equinos frente a los camélidos —aproximadamente, 100 a 150 kg contra 20 a 40 kg— fue un rasgo atrayente en el contexto colonial temprano, especialmente si se tienen en cuenta la alta mortandad humana y las crecientes demandas de la mano de obra indígena (Gade, 1992). Sin embargo, la pobre adaptación de los equinos a las condiciones bióticas de altura y al escarpado terreno montañoso significó que las llamas mantuvieran un papel central como animal carguero en las minas hasta la época republicana, cediendo finalmente a la introducción de vehículos automotores en la primera mitad del siglo XX.

El valor utilitario de los camélidos usualmente se asocia al rol de la llama como animal de carga, y al de la alpaca como animal lanero. Si bien esta distinción es correcta a grandes rasgos, es reductiva e históricamente imprecisa. En primer lugar, las alpacas sí pueden llevar carga. En su monumental introducción al estudio de los camélidos andinos, Bonavía (1996) reúne evidencia que demuestra que las alpacas eran usadas como animal de carga en el siglo XVI. Aunque su capacidad de carga es inferior a la de la llama, una alpaca entrenada puede ser usada como animal de carga a pequeña escala para distancias cortas (Flores, 1975*a*: 11, citado en Bonavía, 1996: 514). Es importante recordar, entonces, que los pastores de alpacas del presente pueden contar con un potencial de carga significativo.

En segundo lugar, existen dos principales razas de llamas, las laneras (*thunpa* o *chaku*) y las de carne (*ccala* o *qala*), posiblemente las mismas "ouejas llamas" y "carneros urcos" mencionados por Pedro Cieza de León en el siglo XVI (2000: 362-364). Las llamas laneras —actualmente halladas principalmente en las punas de Bolivia y Argentina— proveen una fibra menos uniforme y más gruesa que las alpacas actuales. Sin embargo, la evidencia etnohistórica y arqueológica indica que hasta hace 1000 años existían variedades de llamas laneras —hoy extintas—

productoras de un vellón más fino y uniforme que el de las alpacas actuales. Las extraordinarias momias de llamas y alpacas excavadas en el sitio El Yaral, ubicado a 50 km de distancia y a 1000 msnm en Moquegua, Perú (Bonavía, 1996: 192-194), indican que las actuales razas de alpaca —Suri y Huacaya— tienen un vellón más grueso y menos uniforme que el de algunas de las razas antiguas. El colapso de la tecnología pastoril indígena, incluidos los templos y cultos en cuyos nombres se mantenían rebaños de color uniforme, por ejemplo, explica por qué la diversidad de llamas y alpacas del presente es un pálido reflejo del pasado. "Las momias de El Yaral indican que durante el siglo XVI pudo haber ocurrido un extenso cruzamiento entre las llamas y las alpacas y que ello haya desempeñado un rol más importante en la formación del ganado actual de lo que se ha sospechado" (Wheeler et ál., 1995: 473).

En cuanto a la capacidad de carga de un llamo carguero o *capón*, se estima en un promedio de entre 24 y 36 kg para viajes de hasta 15 a 20 km, dependiendo de las condiciones del terreno y el volumen de la carga, entre otros (Bonavía, 1996: 501-515). Sin embargo, el detallado recuento de fuentes coloniales e históricas sugiere a Bonavía (1996: 501-508) la posibilidad de que antes de la Conquista las llamas cargaban hasta 10 kg más en promedio, y que eran capaces de recorrer distancias pico mucho mayores, de hasta 50 km. El estudio zooarqueológico de restos óseos de camélidos es una de las pocas maneras de profundizar sobre esta probable aseveración.

Más allá de su valor utilitario, la importancia tradicional de los camélidos se deriva de la milenaria historia de la manufactura y uso de complejos tejidos como medios de comunicación y distinción social (Murra, 1962), así como de la importancia simbólica del sacrificio ritual de animales de distintos colores (Flannery et ál., 1989: 112; ver también Rowe, 1946; Garcilaso, 1966 [1604]: 360). Además de su reconocida calidez, y una amplia gama de colores naturales, la lana de camélido recibe mejor los tintes naturales tradicionales, aunque es más corta y menos resistente a la tensión que la fibra de algodón (*Gossypium barbadense*), una planta que también fue domesticada en la región. Por ello, para los textiles precoloniales de la más alta calidad, llamados *kumpi* (*cumbi, cumbe*) en los siglos XVI y XVII, los tejedores indígenas combinaban resistentes tramas de algodón con vívidas urdimbres de lana teñida. Textiles diversos y lana, además de *charki* y *chuñu* (papa criodeshidratada), figuraban entre los productos altoandinos típicos de las caravanas de llamas tradicionales hasta el siglo XVIII (ver abajo).

Sin embargo, el valor de los camélidos en la actualidad es medido principalmente en términos de su valor comercial. Así, por ejemplo, el Primer Informe Nacional sobre la Situación de los Recursos Zoogenéticos del Perú indica que:

> En el año 2001, la producción mundial de fibra de alpaca fue de 3900 t, de las cuales el Perú produjo 3399 t. El valor bruto de la producción ascendió a US $16.370.000 [...] El 90% de la producción de fibra de alpaca es destinada al mercado internacional y el 10% a la artesanía e industria textil nacional. En el mismo año, la producción de fibra de llama alcanzó las 7131 t con un valor bruto de la producción de USD 1.900.000 (FAO, 2004, cf. DGIA, 2003).

Al mismo tiempo, los alpaqueros están entre los miembros más pobres de la sociedad peruana. Los intermediarios captan gran parte del valor en la cadena de producción, lo que deja a los productores con unos precios muy bajos por su fibra. Ni las intervenciones estatales en el mercado de las fibras ni los esfuerzos de múltiples ONG a lo largo de las últimas décadas han logrado mejorar la situación de los pastores, debido en gran parte al poder político y económico de empresas e intermediarios (Fairfield, 2008).

El surgimiento y desarrollo de las tecnologías del pastoreo

La transformación masiva del paisaje altoandino como consecuencia de la domesticación de camélidos es un reciente y discutido descubrimiento. En la conferencia Tansley de 1977, el botánico, biólogo y ecólogo del paisaje Heinz Ellenberg propuso, en contra de las influyentes afirmaciones de Carl Troll, que el aspecto actual de la puna —amplias estepas de gramíneas con pequeños parches de vegetación arbustiva y arbórea en laderas y quebradas de difícil acceso— es el resultado de milenios de impacto humano. Las características bióticas de las especies arbóreas andinas, *kishwar* o quishuar (*Buddleja* spp.) y *qenua* o quenual (*Polylepis* spp.), más bien sugerían que la cobertura boscosa debería ser mucho mayor. En su charla, desestimó como determinantes los factores climáticos, inclinándose a favor del factor humano —el consumo de leña y el uso de fuego para la creación intencional de pastizales— como explicación principal de la azarosa distribución de los bosques altoandinos (Ellenberg, 1979). Troll (1931), en cambio, había hecho hincapié en el correlato entre la distribución de camélidos y la expansión inca, asumiendo que las estepas de gramíneas eran la condición natural de la puna altoandina (Troll, 1931, 1943, 1959; cf. Cierjacks, 1995).

Los resultados del amplio y detallado estudio de la distribución de bosques de *qenua* (*Polylepis* spp.) en los Andes, realizado en la década pasada por el ornitólogo Jon Fjeldså y el botánico Michael Kessler, "apoyan la opinión del ecólogo alemán Ellenberg, según la cual el bosque de *Polylepis* representa la vegetación natural en grandes partes de los Andes. Sólo áreas a elevaciones mayores de 4100 a 4500 m y planicies con suelos salobres o inundables probablemente siempre carecieron de cubierta boscosa" (Fjeldså y Kessler, 1996: 15). Indican que la reducción en la cubierta ha sido dramática: del área potencial de 55.000 km^2 de bosques de *qenua* en Bolivia, sólo alrededor del 10% permanece con bosque, mayormente con vegetación arbustiva y muy abierta en la árida Cordillera Occidental, mientras que en Perú posiblemente menos del 3% del bosque potencial ha sobrevivido (Fjeldså y Kessler, 1996). La tasa de destrucción, sin embargo, se incrementó dramáticamente con la Conquista. Gade (1999*a*) calcula que el 50% de esta destrucción se dio a lo largo de los 10.000 años de ocupación humana de los Andes, mientras que la otra mitad se da en los últimos 500, después del colapso de los sofisticados sistemas agropastoriles indígenas. La conservación de los parches remanentes de bosques de *qenua* se debe en parte a prácticas tradicionales de manejo, más o menos sustentables, insertas en la poco explorada historia de las tecnologías agroforestales indígenas (véase el capítulo 5).

Para empezar a evaluar el impacto ecológico de la caza y cría de camélidos antes de la colonización, y comparar el impacto de estas prácticas con las prácticas de pastoreo del ganado introducido, algunas de ellas a todas luces destructivas y no sustentables a largo plazo —como el pastoreo de cabras en los bosques secos ubicados en escarpados valles interandinos—, pasaremos a revisar la historia del pastoreo en los Andes. Iniciamos esta revista con los procesos de domesticación y la expansión del pastoreo; seguidamente, resaltamos el rol de los camélidos en las culturas de nuestra zona de interés primario —la sierra norcentral del Perú—, a partir de la evidencia arqueológica. Finalmente, abordamos la era colonial y republicana, para detenernos en el presente, específicamente, en las comunidades en que se han venido ejecutando proyectos de reintroducción de camélidos en las últimas dos décadas. Si bien puede decirse que son un éxito, en el sentido de que los rebaños se han asentado y crecen, es menester recalcar el papel activo de las comunidades de pastores de la Cordillera Negra en la transformación de los esfuerzos dirigidos a la mercantilización, y la integración de la cría de alpacas en su sistema tradicional de producción diversificada y de base amplia, cuyo objetivo primordial es asegurar la subsistencia y neutralizar los múltiples riesgos que afrontan la actividades agropecuarias de altura.

Pese al papel emblemático de la llama y la alpaca y a la reconocida importancia económica del pastoreo andino, el estudio de su domesticación es incipiente. En primer lugar, se ha caracterizado más por la conjetura que por estudios de la evidencia zooarqueológica, los restos óseos, fibras y tejidos hallados en yacimientos arqueológicos (Bonavía, 1996). Así, se ha venido asumiendo largamente que la domesticación inicial se llevó a cabo en la cuenca del lago Titicaca (Bennet y Bird, 1949; Murra, 1962; Lynch, 1983; Mujica, 1985) o en la sierra de Ayacucho (Wing, 1977), aun cuando la evidencia no es concluyente en este sentido. Estudios arqueológicos en la sierra central de Perú, en el noroeste argentino y el norte de Chile a lo largo de las últimas décadas sugieren la posibilidad de que la domesticación de camélidos surgió de manera paralela e independiente en estas tres áreas (cf. Bonavía, 1996).

En segundo lugar, el estudio de la domesticación de camélidos ha tendido a aplicar modelos desarrollados para la investigación de esta técnica en animales en Eurasia (Bonavía, 1996), ignorando así las especificidades del proceso cultural americano. Mientras que los ancestros silvestres de la oveja, la cabra, la res y el cerdo son más grandes que sus 'primos' domesticados, no sucede lo mismo con los camélidos. El guanaco (*Lama guanicoe*) y la llama son similares en tamaño, y lo mismo sucede con la vicuña (*Lama vicugna*) y la alpaca, por lo que su diferenciación zooarqueológica es notoriamente compleja.[1] Existe, además, una gran variabilidad en la calidad de la fibra, tanto en y entre los camélidos silvestres como en y entre los domésticos. Por ello, la comparación de las curvas de supervivencia

[1] Ver discusión sobre el estudio de dientes de camélidos en Wheeler et ál., 1995 y Wing, 1977.

de poblaciones de camélidos y el aumento relativo de las especies domesticadas frente a las silvestres —determinadas a partir de la excavación de asentamientos humanos de larga ocupación— es una de las líneas de evidencia hoy considerada más contundente para estudiar la domesticación de camélidos. En otras palabras, la observación directa de cambios morfológicos tiende a ser más equívoca que la evidencia indirecta del uso de los animales: su obtención por medio de la cacería especializada —actividad que favorece la matanza de animales machos y jóvenes— o el aprovechamiento de manadas controladas o 'protorrebaños', actividad que supone una mayor mortandad de animales muy jóvenes y viejos, por ejemplo.

El ejemplar estudio de los restos óseos del abrigo rocoso de Telarmachay, en la puna de Junín, realizado por Danielle Lavallée y colegas (Lavallée et ál., 1995) ha proporcionado una sólida base empírica sobre la cual se ha planteado un modelo para la domesticación de camélidos en la sierra central del Perú alrededor de 6000 años a. p. Los primeros pobladores del abrigo de Telarmachay arribaron alrededor de 9000 años a. p. y fueron grupos trashumantes o nómadas que practicaban una cacería enfocada en ungulados, pero generalizada en términos de los sexos y edades de los animales cazados. A partir de los 7200 años a. p., practicaron una cacería especializada, pero los camélidos domésticos recién aparecen en el registro arqueológico alrededor de los 6000 años a. p. Es sólo a partir de los 5500 años a. p. que Lavallée y sus colegas hallan evidencias de pastoreo sistemático (Lavallée et ál., 1995).

La organización social y los patrones de residencia de los grupos humanos que domesticaron los primeros camélidos son aún débilmente comprendidos. Sin embargo, es probable que los abrigos y cuevas con evidencia de ocupación temprana en la sierra central del Perú ubicados por encima de los 4000 m —como Telarmachay, Uchkumachay (Wheeler et ál., 1976), Pachamachay (Rick, 1983) y Tres Ventanas (Engel, 1966)— no sean sitios de ocupación permanente, sino más bien campamentos periféricos, estacionales o temporales, asociados a campamentos base ubicados en los valles interandinos, estrategia que implica conocer en detalle la estacionalidad de múltiples ecozonas. No obstante, los modelos basados en la trashumancia estacional (Lynch, 1971) permanecerán siendo especulativos hasta que se identifiquen y estudien sitios de residencia fijos coetáneos con el proceso de domesticación. En este sentido, Bonavía (1996: 234) acota que la mayor frecuencia y variedad de puntas de piedra —artefactos útiles para defender incipientes rebaños— alrededor de los 6000 años a. p. coinciden con la presencia de huesos de puma y gato montés y de animales con rasgos de domesticación en Telarmachay.

Para una mejor comprensión de los factores que favorecieron no sólo el origen de sistemas de manejo para tener animales a la mano cuando fuera necesario, sino el desarrollo del pastoreo y el agropastoralismo en los Andes en general, es menester profundizar sobre la historia a largo plazo de las relaciones territoriales y simbólicas entre los valles y las alturas. Como veremos a continuación, la diversidad cultural que caracteriza la historia indígena de los Andes, incluso en valles y regiones vecinos, obliga a considerar raíces históricas profundas, distintas e interdependientes de las culturas con preponderancia pastoralista y aquellas con preponderancia agrícola, pese a que ambas cohabitaron largamente espacios vecinos y cercanos.

El pastoreo de llamas y alpacas en la sierra norte del Perú

La actual escasez de camélidos en la sierra norte del Perú no sólo contrasta con las grandes recuas de cientos y miles de llamas y alpacas en la zona nuclear de su distribución, sino también con la gran cantidad de corrales y humedales artificiales abandonados y la ubicuidad de restos óseos de camélidos en sitios arqueológicos con frecuencia mezclados con restos humanos.[2] Esta situación es típica de regiones tan apartadas como la sierra del norte del Perú y el noroeste Argentino (Goebel, 2002) y sugiere la posibilidad de una recuperación de tecnologías pastoriles de gran amplitud e impacto.

Pese a la escasez de estudios que enfoquen la arqueología del pastoreo de manera específica, los acercamientos etnográficos (i. e., Browman, 1990; Kuznar, 1995) y numerosos estudios arqueológicos han arrojado información que permite establecer la importancia de los camélidos en el pasado de la sierra norte de Perú. En el sitio de Chavín de Huántar, la producción y el consumo de *charki* se remonta a 3000

[2] En los monumentos funerarios colectivos —*chullpa* y *machay*— de las cabeceras del río Nepeña (Herrera, 2005; Lane, 2005) la asociación directa y recurrente puede ser producto del saqueo de ofrendas de animales originalmente asociadas a los restos humanos dispuestos en fardos.

años a. p. (Burger, 1992). Representaciones en cerámica de personajes ricamente ataviados conduciendo camélidos, algunos de ellos tocando antaras (Eisleb, 1987; Bonavía, 1996), atestiguan su importancia ceremonial, acaso como ofrendas, durante la primera mitad del primer milenio de nuestra era en la sierra norte de Perú (figura 22). Su uso como animal de carga[3] se halla plasmado en vasijas modeladas que datan de 1800 a 1200 años atrás (Bonavía, 1996: 762-768 pássim), entre las que se encuentran numerosos ejemplos, realizadas en estilos costeños, incluidos Moche y Nazca. La escasez de representaciones de camélidos en la cerámica serrana de períodos posteriores contrasta con el difundido uso de su fibra para vestimentas, la recurrente presencia de huesos de camélidos en contextos mortuorios y la asociación de numerosos centros administrativos incas con grandes corrales.

En la Cordillera Negra, los corrales antiguos —muchos abandonados y otros esporádicamente utilizados— forman parte del paisaje (figura 23). Se encuentran ampliamente dispersos por encima de los 3800 m de altura, aunque se hallan mejor conservados en la puna, por encima de los 4000 m. Esta distribución sugiere una población de camélidos importante y un uso sistemático de los pastizales de altura en el pasado. Sin embargo, la disponibilidad de pastos forrajeros en la parte alta de esta sección de la Cordillera Occidental de los Andes y la explotación económica agropastoril de la vertiente occidental de los Andes, en su conjunto, están supeditadas a la errática estacionalidad de las lluvias. El 68% de las precipitaciones anuales —alrededor de 400 a 800 mm al año[4]— tiende a concentrarse en tres a cuatro meses del año, y la época de lluvias varía entre diciembre y mayo. La tremenda variación interanual se desprende de las fluctuaciones pico del volumen de descarga del río Nepeña —alrededor de 12 millones de metros cúbicos en 1990 y 260 millones de metros cúbicos en 1925—, influenciadas, entre otros, por el fenómeno de El Niño (Haas y Dillon, 2003). Las principales respuestas culturales para afrontar la varianza en la disponibilidad de pastos en el pasado —más allá de

[3] Las representaciones de personas sobre camélidos en vasijas Moche no deben necesariamente interpretarse en el sentido de que se trataría de animales de monta. La posición de los individuos, como carga puesta con la cabeza hacia atrás, posiblemente alude a la humillación de los prisioneros vencidos en combate, un tema recurrente en la iconografía Moche.

[4] En el valle de Nepeña existe una única estación hidrológica, ubicada en la parte baja del río, cerca de la azucarera Agroindustrias San Jacinto (283 msnm). Los datos meteorológicos son escasos para la sección semidesértica y la parte alta del valle.

Fig. 22. **Vasija escultórica de estilo Recuay** (1800 a 1400 años a. p.) que representa a un personaje ricamente ataviado que conduce un animal de carga, posiblemente un llamo capón. El pastoreo de camélidos en la sierra norte de Perú, zona largamente desprovista de llamas y alpacas, ocupó un papel prominente en el pasado (altura, 16 cm; colección Araya, Caraz)

Foto: PIAW

Fig. 23. **Corrales antiguos (círculo) por encima del gran bofedal artificial de Qullpa qucha (aproximadamente 600 a. p.).** Por encima del grupo de corrales se yergue una tumba colectiva *chullpa*, mientras que en la parte baja se halla una pequeña estancia de pastores. La presa (flecha) cierra esta sección del valle de Huinchos (Cordillera Negra, Perú)

Foto: PIAP

los movimientos estacionales que caracterizan el pastoreo en todo el mundo— fueron el manejo de humedales naturales —más conocidos en la zona como bofedales, oconales u *oqu*— y su ampliación y creación mediante la construcción de presas y reservorios.[5]

Inicialmente interpretados como reservorios de agua colmatados o como presas de prevención de *wayku-Q* o deslizamientos, los bofedales artificiales de la Cordillera Negra son hoy reconocidos como parte de extensos sistemas hidráulicos que buscan retener el agua de escorrentía mediante su acumulación en represas y reservorios de agua y limo, con múltiples propósitos (Lane, 2005, 2006; Lane y Contreras, 2007). Uno de los principales objetivos de las represas y reservorios de limo es propiciar el crecimiento de una vegetación perenne rica

5 Si bien es probable que se deba incluir el cultivo de plantas forrajeras, la evidencia es insuficiente para confirmar la sugerente propuesta de Lane (2005), reiterada en Lane y Contreras (2007).

en las plantas suaves típicas de los humedales de altura (por ejemplo, *Distichia* spp. y *Calamagrostis* spp.). El fomento de vegetación de bofedales es clave para el pastoreo de camélidos, especialmente de alpacas, durante la época seca, pues ésta marca un cuello de botella alimentario y, por ende, una limitante importante para el desarrollo histórico del pastoreo.

Uno de los más extensos humedales artificiales de la Cordillera Negra es Qullpa qucha (figuras 23 y 24), ubicado sobre el río Huinchos, en el distrito de Pampa-romás y registrado inicialmente en 1999 por Kevin Lane, Mario Advíncula y el autor, conjuntamente con el vecino sitio administrativo inca de Initaurán y una serie de asentamientos y corrales vecinos (Herrera, 2000; Lane, 2000, 2005, 2006; Lane et ál., 2004). La presa mide poco menos de 100 m de largo, 5,4 m de altura y hasta 11 m de ancho en la parte media, y represa un área de 28,5 ha (figura 24; v. gr., Lane, 2005). Pese a la notoria falta de mantenimiento, que está secando este bofedal, su uso actual para el pastoreo de vacunos, bovinos y camélidos es intenso.

Fig. 24. **El río Huinchos actualmente corta la presa de Qullpa qucha.** Originalmente, la cascada discurría sobre la roca madre (en la foto, lado derecho), a la cual se encuentran ancladas ésta y otras represas de limo del alto Nepeña. Los canales de desfogue ubicados a distintas alturas hacen que el muro actúe como un gigantesco colador reteniendo los sedimentos, que, a su vez, retienen la humedad que sostiene el bofedal

Foto: el autor

Es compartido por las comunidades de Cajabamba Alta, Breque y Putaca, y existen tensas rivalidades en torno a la negociación de los derechos de uso. Estos conflictos se vinculan, en parte, al hecho de que el ganado también se alimenta con el limo, probablemente para aprovechar su riqueza mineral, y que —aparentemente— no hay otras *kullpa* o reservorios de sedimentos con las mismas propiedades alimenticias en la zona.

La importancia del gran bofedal artificial de Qullpa qucha durante la época inca se deduce de la cercanía de Initiaurán, el mayor sitio administrativo inca conocido en la Cordillera Negra (Lane y Contreras, 2007). Este sitio presenta dos estructuras ceremoniales *kallanka*, una plaza central, caminos, una zona para la manufactura de *chuñu* de papa; campos de cultivo cercados (Lane y Contreras, 2007) y una hilera de torres funerarias (*chullpa*) en pobre estado de conservación y probablemente anteriores a la época inca. Sin embargo, sería erróneo asociar el pastoreo intensivo de camélidos a la expansión inca, pues la creación de bofedales artificiales es un proceso lento que implica un cuidado atento a los procesos de sedimentación, el mantenimiento y la expansión de la arquitectura hidráulica y, posiblemente, una remoción selectiva de sedimentos. Las excavaciones de Kevin Lane (2005) en Yurakpecho demuestran la presencia de grupos de pastores en esta zona durante el período intermedio tardío, siglos antes de la llegada de los incas a la sierra de Ancash. Sin embargo, no se ha presentado aún evidencia para argumentar la construcción de represas en esta zona antes de 1400 años a. p.

Hasta el momento, se han identificado cinco represas de limo en las cabeceras del río Nepeña,[6] con una superficie total de 372 ha. Sin embargo, la superficie de bofedales artificiales en esta parte de la Cordillera Negra es mucho mayor. Tres sistemas de quebradas aterrazadas que forman reservorios de limo entre los 3900 y los 4400 m fueron recientemente estudiados por Lane (2005: 196) en los valles de Breque, Chorrillos y Ricococha. Los reservorios de limo se caracterizan por terrazas curvas de 7 a 20 m de largo, 50 a 200 cm de altura y entre 60 y 120 cm de ancho en su parte central, y acumulan sedimentos y humedad, derivando el agua hacia los lados de los valles. Por ello, frecuentemente se hallan cubiertos de vegetación y

[6] Además de Collpa o *Kullpakucha* (Co-1), nos referimos a Tsakikocha 1 (Uc-2) y Tsakikocha 2 (Pa-5), Olerón Cocharuri (Cho-2) y Wankacocha (Rac-1) (Herrera, 2000; Lane, 2005 y Lane et ál., 2004; ver también Freisem, 1998). Las represas de agua son igualmente abundantes.

sedimentos, al punto que los muros a veces son difíciles de ver. Esta acumulación sugiere que en el pasado parte del sedimento era retirado para aprovecharlo como fertilizante, al igual que hoy sucede con el estiércol acumulado en los corrales.

Siguiendo un índice de capacidad de carga por hectárea de bofedal, como los 3,25 animales por hectárea sugeridos por Browman (1990), podemos comenzar a dimensionar en el orden de miles las recuas y manadas de alpacas que existieron en esta pequeña porción del alto Nepeña. Para precisar estimaciones es menester realizar reconocimientos sistemáticos detallados, pues en la Cordillera Negra las características topográficas de valles cercanos, o incluso vecinos, pueden variar significativamente.[7]

En resumen, podemos afirmar que el pastoreo de llamas y alpacas en la sierra norte de Perú alcanzó una intensificación notable gracias al desarrollo de tecnologías hidráulicas para la expansión de pastizales utilizables en la época seca, y comenzó a decaer dramáticamente como resultado de la desarticulación colonial. El uso de llamas como animal carguero en las minas de la alta Cordillera Blanca continuó hasta la era republicana. Su última documentación conocida es en la década de 1930, en la mina Vesubio, en Huallin (provincia de Asunción, Ancash) (Kinzl y Schneider, 1950: 128). En la actualidad, sólo algunas pocas comunidades tradicionales de la región de los Conchucos mantienen pequeños rebaños, entre ellas, Caninacoj, en el alto Ashnocancha (provincia de San Luis). Los rebaños dispersos en la sierra de Ancash marcan la actual frontera norte del área de distribución continua de camélidos en los Andes centrales.

La recuperación de las tecnologías del pastoreo en la sierra de Ancash

Las diferentes experiencias de reintroducción de camélidos en la Cordillera Blanca y en la Cordillera Negra ponen en evidencia la tensa superposición de visiones de los diversos actores involucrados: el Estado, las ONG y las comunidades campesinas y organizaciones locales. Sin embargo, los escasos reportes disponibles

7 El encañonado curso superior del río Loco, por ejemplo, presenta una densidad menor de infraestructura pastoril, pero un número significativamente mayor de terrazas agrícolas que el vecino valle de Huinchos, cuyo corte transversal es más bien en U (y no en V).

en internet —única fuente abierta de información al respecto— reflejan débilmente las realidades sociales en cada localidad y prestan escasa atención a las realidades culturales e históricas específicas.

La reintroducción de llamas en el extremo sur de la Cordillera Blanca a fines de la década de 1990 se asocia con un pequeño y publicitado proyecto que apuntaba a impulsar el turismo receptivo de montaña entre el pueblo de Olleros y el sitio arqueológico de Chavín de Huántar, declarado Patrimonio Cultural de la Humanidad por la UNESCO en 1985. La Asociación de Servicios Auxiliares de Montaña Sector Olleros-Chavín (ASAM) mantiene alrededor de diez llamas, que se alquilan para caminatas o *treks* turísticos (Oscanoa et ál., 1997). Las llamas en tenencia de la ASAM fueron facilitadas por una ONG local (CEDEP), con el compromiso de devolver los animales cuando éstos se hayan multiplicado. Auspiciado y financiado mediante un convenio entre la Unión Europea y PromPerú —"entidad estatal creada en 1993 con el propósito de difundir la imagen y realidad del Perú en el extranjero y promover así la inversión, el turismo, la cultura y el intercambio" (PromPerú, 2005: 39)—, el proyecto ha tenido un impacto esencialmente local. No hemos tenido noticia de intentos de replicar la experiencia en otros lugares. Sin embargo, la idea inicial —conseguir llamas para cobrar a los turistas por el derecho de tomar fotos (PromPerú, 2005: 9)— no es nueva. Hallamos llamas y alpacas en alquiler para fotografías de recuerdo en ciudades andinas desde La Paz hasta Bogotá. Se trata, en ambos casos, de diferentes formas de mercantilizar lo exótico. Sin embargo, la manera de ensalzar las expectativas del visitante en potencia en el citado *brochure* "Trekking pre-incaico [sic] de Olleros a Chavín" despliega preconceptos eurocéntricos, incluso racistas, promoviendo una autoexotización que además de ser deshonesta no propicia la integración social.

La reintroducción de alpacas en la Cordillera Negra, en cambio, forma parte de un esfuerzo más amplio, pero menos conocido, por mejorar la calidad de vida de las poblaciones altoandinas. Así, "El Programa de Repoblamiento de Alpacas (Convenio FONCODES-FONAFOG) distribuyó, entre 1991 y 1996, aproximadamente 25.000 cabezas del departamento de Puno a Junín, Cerro de Pasco, Cajamarca, La Libertad y Ancash" (FAO, 2004: 20). Sin embargo, la visión plasmada en los pocos reportes técnicos y de seguimiento —escasez probablemente vinculada a la subsunción del Fondo Nacional para el Fomento de la Ganadería (FONAFOG) y del Fondo Nacional de Compensación y Desarrollo Social (FONCODES) a otras dependencias estatales, como parte de las reformas estructurales de la década de 1990— no concuerda con las narrativas de las personas entrevistadas.

Según el ingeniero Miguel Orellana (comunicación personal, 2000) el proyecto de Redoblamiento de Llamas y Alpacas (RALL) fue inicialmente financiado por la cooperación belga e impulsado en Ancash por CEDEP (véase CEDEP, 1996, 1997*a*, 1997*b*). Un ex presidente de la comunidad campesina Vencedores de Cajabamba que participó en el proceso de reintroducción, indicó que tres poblados de la zona del Alto Valle de Nepeña recibieron alpacas hacia 1990, como parte de un proyecto a mediano plazo (cinco años). Tras un largo viaje en tren y camión, en su mayoría, los animales traídos desde Puno se adaptaron rápidamente a la Cordillera Negra. Los cursos de capacitación inicialmente trataban el manejo de los rebaños; luego pasaron al procesamiento de derivados, desde tejidos y alpargatas hasta salchichas. Según Orellana, la fase de creación de mercados del proyecto se vio trunca, pues éste fue saboteado por orden del entones ministro de Agricultura, ingeniero Absalón Vásquez —sentenciado a cuatro años de cárcel por peculado en 2007—, quien habría incitado a la quema del nuevo centro de documentación del CEDEP[8] —igualmente financiado por la cooperación belga—, para forzar el retiro de esta ONG y entrar en el negocio de la reintroducción de alpacas a mayor escala desde el mismo ministerio. Informantes de Cajabamba Alta confirmaron que en 2002 o 2003 llegaron unas veinte alpacas 'de la Unión Europea'. Poco después se desató una epidemia que acabó no sólo con las alpacas recién llegadas sino que diezmó la mitad del rebaño establecido, que ya empezaba a alcanzar las 300 cabezas. En Cajabamba Alta se presume que el pobre control zoosanitario habría sido la causa.

A la fecha, la reintroducción de alpacas en la Cordillera Negra no ha dado lugar a un mercado significativo, ni de fibra ni de carne, ni local ni regional. La mayoría de las alpacas reintroducidas no duró mucho, y en dos de las tres comunidades beneficiadas los animales fueron sacrificados, y se volvieron a extinguir en menos de diez años. Los inusitados logros de la reintroducción en Cajabamba Alta parecen radicar en la integración activa de las alpacas al sistema de producción comunal, donde son destinadas principalmente al autoconsumo —de carne, fibra

8 Probablemente se refiere al "Centro de Difusión de Tecnología Altoandina, CEDTA", ubicado en el paraje Patococha, distrito de Ticapampa, provincia de Recuay. En el marco de esta investigación no ha sido posible la comprobación independiente de la versión de Orellana.

y cuero, en ese orden de importancia— y como una forma de ahorro colectivo. La lana en bruto y los ponchos terminados son designados como productos para la venta en el mercado sólo cuando la necesidad y la oportunidad se presentan de la mano. Es notable que la venta de ponchos sea asunto de cada familia, mientras que la negociación de la lana es asunto comunal. Cuando los comuneros de Cajabamba Alta fueron presionados por funcionarios del Ministerio de Agricultura para vender su producción de fibra de alpaca en pie a un precio fijo que consideraron demasiado bajo, prefirieron no trasquilar sus alpacas ese año.

Sería prematuro sacar conclusiones globales a partir de un caso sugerente, pero aislado y poco estudiado, pero deseamos insinuar que la capacidad de autoorganización parte de la resignificación del pastoreo de camélidos por parte de los actores campesinos. Esta resignificación incluye múltiples narrativas, incluidas las historias —hoy cuasi míticas— acerca de aquel viaje original de los jóvenes y emprendedores líderes que se desplazaron hasta la altiplanicie del Titicaca para traer las primeras alpacas; y los lugares importantes del paisaje simbólico en que duermen, pastan, se marcan y sacrifican los animales. En Cajabamba Alta existe, por ejemplo, una clara tendencia a ubicar los corrales modernos para alpacas cerca o al lado de las antiguas tumbas colectivas *chullpa,* pues, como explicó el entonces presidente de la comunidad, los *awilitu* —o ancestros— que habitan estas 'casitas' ayudan a cuidar los rebaños (Herrera y Lane, 2006: figura 3; cf. Mamani Condori, 1996).

El pastoreo de camélidos en el siglo XXI

Los actuales esfuerzos por desarrollar la camelicultura y contrarrestar el retroceso de las especies bandera de los Andes se han centrado en la alpaca, con miras a mantener y desarrollar las ventajas comparativas de Perú como primer país alpaquero del mundo. Las estrategias desplegadas van desde la ampliación de mercados de fibras, lana y derivados hasta la implantación de microchips en individuos de alta 'calidad genética', para evitar el tráfico ilícito.[9] La intensificación

[9] Esta iniciativa para alpacas laneras auspiciada por el Consejo Nacional de Camélidos Sudamericanos (CONACS) preveía distribuir 750 microchips en 2005.

de la producción de fibra con fines mercantiles es una tarea que el Estado y una multitud de ONG han asumido con énfasis en la sierra sur de Perú (regiones de Arequipa, Apurimac, Ayacucho, Cusco, Huancavelica y Puno) y el suroccidente boliviano (regiones de Oruro y Potosí). La justificación de estas intervenciones tiende a basarse en la extrema pobreza de los pastores y la 'baja productividad' del ganado (i. e., MARENASS, 2005). Tácita o intencionalmente, estas estrategias buscan transformar los sistemas de producción tradicionales con el objetivo de fortalecer la producción de alpaca con fines mercantiles.

Los resultados hasta el momento han sido mixtos. La continuación del conflicto armado en Cachemira, en la frontera de India y Pakistán, ha significado un estancamiento de la producción en la zona de pastoreo tradicional del principal competidor natural de la fibra de alpaca en el mercado mundial, la lana de cabras Pashmina (*Capra aegagrus* variedad *hircus*), y un desplazamiento de la zona de producción hacia China y Australia. Sin embargo, las fibras sintéticas, la creciente producción de lana de alpaca en Australia, Canadá, Estados Unidos, Nueva Zelanda y el Reino Unido, entre otros, así como la especulación en los mercados de fibras agroindustriales, pintan un panorama incierto para la producción mercantil.

Una lectura arqueológica y antropológica indica, más bien, que los magros logros de los esfuerzos por generar desarrollo a partir de la explotación mercantil del pastoreo de camélidos —pese a la inversión de recursos estatales— indicados por los altos niveles de malnutrición, analfabetismo, cobertura de salud e ingreso per cápita entre pastores tradicionales altoandinos, así como por el continuo retroceso de los camélidos, especialmente de la llama y el guanaco, sugieren la existencia de inconsistencias conceptuales profundas. Su común denominador son el débil y ahistórico desarrollo conceptual del vínculo entre la tecnología indígena del pastoreo y los modelos de desarrollo centrados en la producción de excedentes para el mercado. La amplitud y profundidad de la brecha entre la explotación comunal con fines de subsistencia como parte de un sistema agropastoril anclado a un paisaje vivido y cargado de significados culturales y los modos de producción y conceptualización biologicista típicos de la ganadería industrial explican, en parte, el escaso éxito mercantil de los diversos esfuerzos por reintroducir alpacas en antiguas áreas de pastoreo hoy desprovistas de alpacas, como la sierra norte de Perú, y algunas de las consecuencias no anticipadas.

La reciente adopción de alpacas por parte de comunidades tradicionales asentadas en zonas ganaderas de gran antigüedad reviste interés y promesa, por tres motivos principales. El primero es que numerosas comunidades indígenas y campesinas han mantenido complejas formas de organización social de producción agropastoril en pisos térmicos complementarios, no obstante la extinción local de los camélidos andinos. La reinserción de estos animales en sistemas establecidos es una respuesta a crecientes presiones sobre los recursos, especialmente la tierra. La versatilidad y originalidad de las respuestas prácticas desarrolladas por grupos de campesinos indígenas organizados contrastan marcadamente con su estigmatización como 'tradicionales' o 'atrasados'.

En segundo lugar, las sofisticadas tecnologías indígenas desarrolladas para el manejo, la intensificación y expansión de la actividad pecuaria a lo largo de milenios son irreductibles a 'costumbres ancestrales' y 'restos materiales'. Estos últimos incluyen ejemplos monumentales de infraestructura hidráulica en funcionamiento parcial, incluidos cientos —y probablemente miles— de hectáreas de humedales artificiales. La reutilización de estos espacios transformados confronta a los actores con su pasado de una manera directa y positiva. La práctica de las tecnologías indígenas del pastoreo articulan el patrimonio cultural —material e inmaterial— manteniéndolo vivo mediante su transformación.

Finalmente, la orientación mercantil de la reintroducción de alpacas propugnada por los diferentes gestores del desarrollo activos en la zona de estudio no encaja con las formas locales de organización social del trabajo. El rechazo tácito de la imposición demuestra que la adopción táctica de camélidos por parte de los actores locales —con fines, objetivos y estrategias propios— es la única forma de repoblación viable a mediano y largo plazos. Es menester recordar que se trata de un proceso reciente que viene tomando diferentes caminos y énfasis, desde la explotación microempresarial para el turismo hasta el autoconsumo de carne y la producción de fibra en el ámbito comunal. Cabe hacer una evaluación detallada del impacto de cada una de las reintroducciones, para lograr un mejor panorama de un gran número de procesos históricos paralelos, pues el crecimiento de los hatos y rebaños es silencioso, a la vez que transformador.

Las tecnologías agroforestales andinas

> [...] Y más lo había mandado (Manco Capac)
> que los calsasen (estos dos árboles con) rayses de oro y de plata
> Y los hizo que colgase en los dos árboles frutas o pipitas de oro [...]
> que los dos árboles significasen a sus padres
> y que los ingas que proçedieron que eran y fueron como frutas
> y que los dos árboles se abían de ser tronco y rays de los ingas [...]
> Joan de Santacruz Pachacuti Yamqui Salcamaygyua
> ([1613] 1993: 198)

A diferencia de la gran llanura amazónica, donde encontramos decenas de tipos de bosques y aprovechamientos nativos —incluidos bosques cultivados por el hombre y caracterizados por una alta proporción de plantas útiles (cf. Denevan, 2001)—, es raro hallar extensiones continuas y significativas de bosque nativo en los Andes. La extensión actual de bosques en los Andes es muy inferior a su distribución natural y es el resultado directo de la acción humana a lo largo de milenios.

En las cordilleras andinas actualmente se encuentran parches dispersos de *qenua* (*Polylepis* spp.) *y kishwar* (*Buddleja incana*), en laderas escarpadas y poco accesibles o hileras de alisos (*Alnus acuminata*) a lo largo de quebradas y acequias. Sin embargo, el paisaje arbóreo serrano actual se caracteriza más por los eucaliptos (*Eucalyptus* spp.) y pinos (*Pinus* spp.) —importados en la época republicana— que por los árboles nativos. En las costas andinas se encuentran algunos relictos de bosques de guarango (*Prosopis* spp.) y acacias, especialmente en los valles del norte de Perú. El paisaje costeño contemporáneo, no obstante, se caracteriza por la desertificación, el avance de dunas y la explotación desmesurada de los bosques secos.

La capacidad de los bosques andinos para regular los flujos de aguas lluvia, alimentar la capa freática, manejar la erosión de suelos, mejorar la retención de sedimentos y nutrientes en el suelo, además de la variada producción de madera, frutos, plantas medicinales, aromáticas y forrajeras, es ampliamente reconocida (v. gr., Fjeldså y Kessler, 1996; Vildoso, 1996; FAO, 2011). Por ello, la constatación del impacto humano sobre el paisaje andino ha tenido consecuencias profundas para la investigación. No obstante, la historia del uso y manejo de los bosques andinos es una preocupación académica reciente, al igual que la distinción entre el manejo de bosques naturales y las prácticas agroforestales, es decir, la siembra de árboles en bosques como parte de sistemas agropastoriles más amplios.

El mito del paisaje americano prístino, según el cual se pensó —durante mucho tiempo— que el paisaje andino siempre fue como es actualmente (Denevan, 1992), ha sido perniciosamente influyente. La marginalidad del estudio de los bosques andinos frente al interés por las selvas tropicales de las tierras bajas de las cuencas del océano Pacífico y de los ríos Amazonas y Orinoco se desprende fácilmente de la escasez de publicaciones. Es recién con el surgimiento de la atracción por temas ambientales en la década de 1970 que se inicia un proceso de estudio y revaluación de esta equivocada hipótesis romántica (excepciones incluyen: Yacovleff y Herrera, 1934; y Strong, 1955).

El estudio de la historia del medio ambiente por parte de geógrafos y arqueólogos interesados en la ecología del pasado, y preocupados por la cobertura boscosa de las serranías andinas, ha permitido, en primer lugar, describir los impactos de las distintas formas de aprovechamiento sobre los bosques; principalmente a partir del análisis de cambios en la composición de las lluvias de polen depositadas y preservadas en lagos altoandinos, como el lago Junín (Wright, 1980; Wright y Bradbury, 1975) y la laguna de Paca (Hansen et ál., 1994), en la sierra central de Perú, y la laguna Marcacocha, en la sierra de Cusco (Chepstow-Lusty et ál., 1997, 1998, 2003; Chepstow-Lusty y Winfield, 2000). En segundo lugar, los cambios climáticos se han venido integrando en las interpretaciones arqueológicas del pasado. Sin embargo, se ha dado mayor énfasis a las perturbaciones de corta duración, cíclicas y cataclísmicas ocasionadas por el fenómeno de El Niño (v. gr., Sandweiss et ál., 1996, 1997; Shimada et ál., 1991), que a los procesos lentos y de largo alcance. Persisten por ello grandes lagunas de conocimiento en torno a las respuestas culturales a condiciones de cambio climático en el pasado, especialmente aquellos procesos culturales de transformación del paisaje que involucraron el manejo de bosques y la siembra de árboles para estabilizar y enriquecer el entorno.

Breve historia del manejo de los bosques andinos

A grandes rasgos, y basándose en la limitada evidencia disponible, es posible diferenciar cuatro principales etapas históricas vinculadas al retroceso de los bosques andinos; etapas cada vez más cortas pero de un impacto creciente. Pese a lo puntual de los estudios realizados en torno a los cambiantes ritmos de retroceso de diferentes tipos de bosque y a la relación entre factores naturales y culturales, no cabe duda de que el contraste entre la cobertura boscosa contemporánea con las primeras ocupaciones humanas y aquella del presente es sumamente marcado (figura 25).

Las dos primeras se remontan a la época precolonial. La fase inicial abarca la historia de los primeros pueblos, dedicados a la cacería, la pesca y la recolección, que transformaron el paisaje prístino utilizando el fuego para propiciar la cacería y favorecer la propagación de determinadas especies animales y vegetales. Esta etapa inicial tuvo entre 6000 a 8000 años de duración (aproximadamente 12.000 a 5000 a. p.), pues la adopción de la agricultura fue marcadamente dispareja en los Andes. Es probable que la deforestación de la puna, ligada a una estrategia centrada en propiciar la caza de cérvidos y camélidos, se inicie en esta fase, antes que la deforestación de los valles interandinos y costeros.

Los pueblos organizados de agricultores y pastores profundizaron la transformación inicial para ampliar su frontera productiva, desarrollando estrategias de manejo de bosques aún débilmente comprendidas. Sin embargo, las prácticas agroforestales y de propiciación de bofedales (ver el capítulo 4) identificadas para los últimos siglos de ocupación originaria demuestran la importancia que los pueblos indígenas daban al manejo y cuidado de ecosistemas clave, así como una alta sofisticación de estas tecnologías del paisaje. Las fuentes etnohistóricas ofrecen algunas pautas concretas sobre las formas que tomaba el manejo indígena de los bosques andinos.

En primer lugar, sabemos de la existencia de prácticas agroforestales andinas, pues diferentes pueblos sembraban árboles en el pasado. El cronista andino Joan de Santacruz Pachacuti Yamqui Salcamaygua (citado en Chepstow-Lusty y Winfield, 2000), por ejemplo, refiere entre las dedicaciones de Viracocha Inca Yupanqui, el plantar alisos (*Alnus acuminata*), *kishwar* (*Buddleja incana*), chachacoma (*Escallonia* spp.) y molle (*Shinus molle)*. En segundo lugar, existen en el

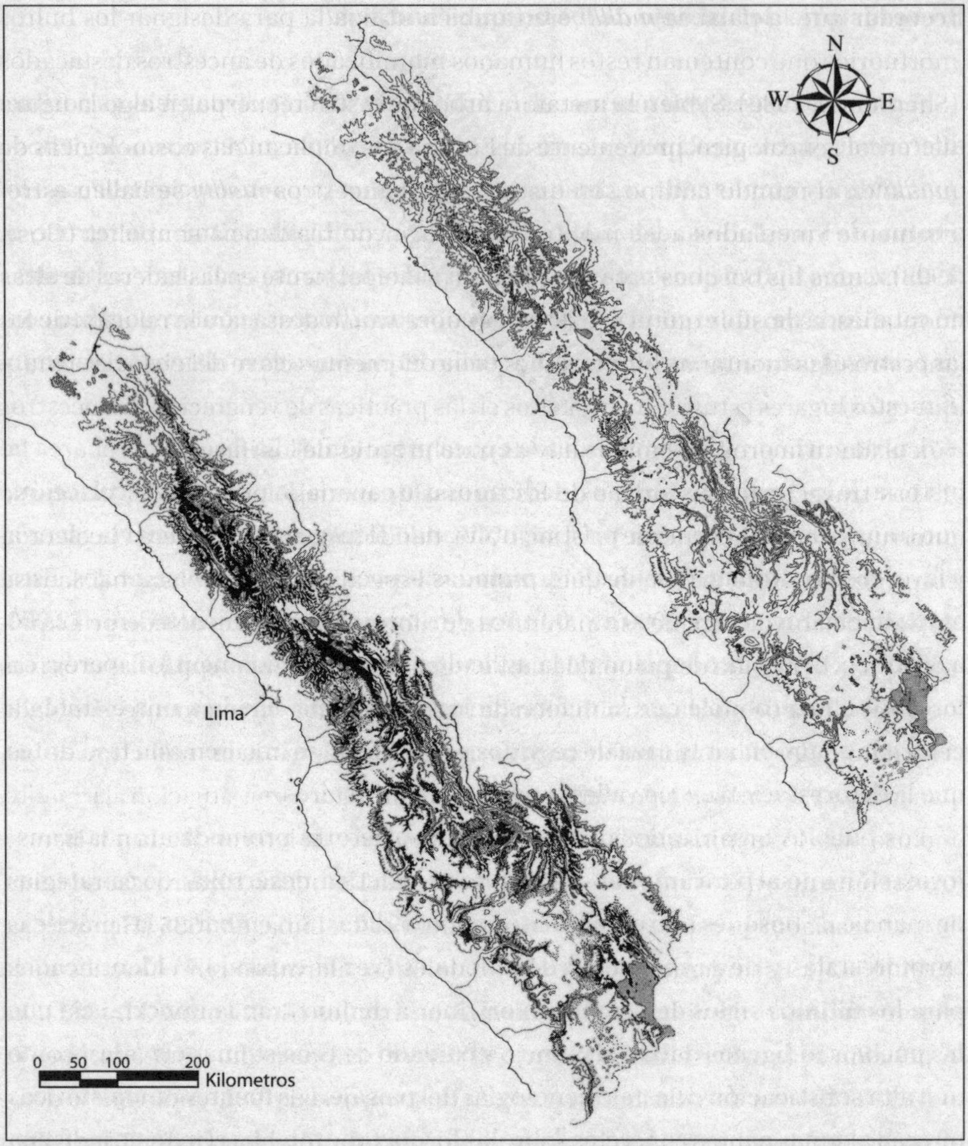

Fig. 25. **La extensión estimada de los bosques de *qenua*** (*Polylepis* spp.) en los Andes peruanos a inicios del Holoceno (11.700 a. p.) (izquierda) es superior a la actual (derecha) en un 98%. La situación en Bolivia y Ecuador es similar

Fuente: Fjeldså y Kessler (1996: figura II-13/14)

quechua palabras distintas para designar árboles silvestres y sembrados del siglo XVI. Esta diferenciación entre árboles sembrados —*mallki*— y árboles silvestres —*sacha*— es sugerente, pues indica que la práctica de sembrar árboles es muy antigua (Chepstow-Lusty y Winfield, 2000: 323). Simbólicamente, es importante recordar que la palabra *mallki* era también utilizada para designar los bultos mortuorios que contenían restos humanos momificados de ancestros destacados (Sherbondy, 1986). Si bien la metáfora árbol-ancestro recuerda en algo la figura del 'árbol genealógico' proveniente de Europa, las implicancias cosmológicas de *mallki* en el mundo andino son distintas. Los ancestros *mallki* se hallan estrechamente vinculados a las montañas, su lugar de residencia simbólica (Gose, 1993). Como los bosques nativos se hallan principalmente en las laderas de altas montañas, es posible que el uso de la metáfora *mallki* destacara la relación de los ancestros, las montañas y los bosques como elementos clave del ciclo del agua, y que estos lugares estuvieran implícitos en las prácticas de veneración de ancestros vinculadas a la propiciación de lluvias mucho antes de los incas.

Las trayectorias históricas de las formas de manejo indígena del paisaje se interrumpen abruptamente en el siglo XVI, dando lugar a una tercera y acelerada etapa de retroceso de los bosques andinos. Pese al colapso poblacional, la tasa de destrucción de bosques se incrementa de forma dramática, debido principalmente a la demanda de carbón de molle y guarango (*Prosopis* spp.). Las crónicas no dejan duda de que la disminución de bosques estaba directamente vinculada a las demandas de combustible para herrerías, ladrilleras, la manufactura de cal, panaderías y cocinas de tipo mediterráneo, dando lugar a una situación alarmante, incluso para los peninsulares de la época. La escasez de leña es citada por Henostrosa como uno de los motivos que impulsaron a Francisco Pizarro a abandonar Jauja y trasladar la capital del Virreinato del Perú a Lima, en 1535 (Henestrosa, 1965 [1582]). Ese mismo año el Cabildo de Lima, alarmado por el avance de la deforestación, ordena la siembra de nuevos árboles (Rostworowski, 1981). La repetición de la orden el año siguiente, al parecer tampoco dio resultado, pues ya para 1539 Salazar de Villasante (citado en Rostworowski, 1981) anota que la deforestación alcanzaba tres leguas a la redonda de la ciudad (cerca de 17 km). Esto no es sorprendente, pese a multas crecientes (Rostworowski, 1981), si tenemos en cuenta que la cantidad de leña utilizada por una familia española en un día podía suplir las necesidades de una familia indígena durante un mes (Cobo, 1891-1893 [1653]; cf. Beresford-Jones, 2000: 42-49; Chepstow-Lusty y Winfield, 2000: 322-323).

El impacto de la colonización marca esta tercera fase histórica de retroceso de los bosques andinos, el cual ha sido particularmente dramático para los bosques de los valles de la costa desértica del litoral del Pacífico. Los primeros cronistas europeos describen una amplia cobertura boscosa en todos los valles, cuya frondosidad y belleza en la década de 1530 son elocuentemente descritas por Pedro Cieza de León. Los peninsulares coinciden en que los bosques costeros eran dominados por el guarango, árbol erróneamente identificado como emparentado con el algarrobo de la península Ibérica (*Ceratonia siliqua*). Este error persiste (Vildoso, 1996), lo cual ha entorpecido significativamente el reconocimiento de una gran diversidad de especies endémicas del género *Prosopis*, algunas de ellas muy especializadas y en riesgo de extinción (RBGK, s. f.). Según Yacovleff y Herrera (1934) y Vildoso (1996), el nombre quechua del guarango, *Taky* o *Taco* [sic],[1] significaría 'el árbol', lo cual sería indicativo de su ancestral importancia económica, ambiental y simbólica. Cabe profundizar el estudio onomástico de *ong*, su nombre en el idioma yunga (Rostworowski, 1981) —probablemente la misma Pescadora o Quingnam— pues es posible que se trate de una voz emparentada con guarango.[2]

Los valles de Ica, Nasca, Guambacho [Nepeña], Casma, Chicama, Guadalupe [?] y Catacaos son identificados por Cobo como los más ricos en bosques de guarango, además de distinguir "cinco o seis especies de árboles que llaman guarango que producen frutos comestibles similares a los algarrobos [...]. Los frutos del guarango son buenos para comer y los Indios hacen harina y pan de ellos. En algunas partes, los nativos tienen poco sustento que estos frutos" (1897 [1653]). Pese a una gran cantidad de referencias sobre los múltiples usos y bondades de los frutos, la madera, la resina, la hojarasca (poño) y la fauna asociada a los bosques de guarango (Beresford-Jones, 2000), el interés de los cronistas no parece haberse extendido a las formas indígenas de su manejo. Sin embargo, dada la tremenda importancia de los bosques para la ocupación humana en uno de los desiertos más áridos del planeta, cabe poca duda de la existencia de prácticas agroforestales indígenas de profundo arraigo.

La última y actual fase de impacto humano sobre los bosques andinos se inicia con la industrialización, a fines del siglo XIX. Se trata, sin lugar a dudas, de la más

1 *T'aku* o *taku*, según la grafía quechua estándar moderna.

2 Especulamos que guarango podría derivarse de una contracción de la voz castellana 'vara' y la voz yunga *ong*, utilizada para designar los maderos rectos —de *ong*— que los europeos buscaban para sus construcciones, a diferencia de las retorcidas y nudosas ramas y los horcones utilizados para casas y cercas tradicionales.

devastadora.[3] No obstante, surgen a la par los primeros intentos de salvaguardar los relictos de bosque en parques y reservas naturales controladas por el Estado. El ejemplo más dramático probablemente es el uso masivo de leña nativa para alimentar las calderas de las locomotoras y para los durmientes de las líneas férreas impulsadas por las jóvenes repúblicas andinas a fines del siglo XIX. En gran parte, ellas hoy se hallan cubiertas por el desierto (Vildoso, 1996) o simplemente abandonadas.

Las tasas de deforestación en los últimos siglos son difíciles de estimar, pero las relaciones de carga marítima a lo largo del siglo XIX incluyen numerosas referencias al transporte de carbón de guarango hacia Lima (Rostworowski, 1981). Un estimado conservador sugiere que entre 1950 y 1980 fueron destruidas 200.000 hectáreas de bosque en la costa de Perú (Grados y Cruz, 1996). En Ecuador el 96% de la superficie de los bosques occidentales marítimos ha desaparecido, y de los bosques espinosos secos sólo queda el 1% (Luteyn y Churchill, 2000). En la sierra la situación parece ser similar, sobre todo en las zonas mineras y a lo largo de las vías férreas. Así, tipos de bosque completo, como los altos bosques de pino andino (hayuelo, romerón, romerillo o chaquiro; *Podocarpus* spp.), que antiguamente cubrían buena parte de los Andes ecuatoriales, han desaparecido por completo (Luteyn y Churchill, 2000). El primer parque nacional de Bolivia, el Parque Nacional Natural Sajama (PNNS), ubicado en la Cordillera Occidental, fue creado en 1939 para proteger los bosques de *qenua* (*Polylepis tarapacana*) que rodean al *tata* Sajama, emblemático volcán y montaña sagrada de importancia suprarregional. Al igual que otras áreas protegidas en las alturas andinas, el PNNS careció de administración formal efectiva hasta la década de 1990 (Hoffmann, 2007).

Las tasas de deforestación de los bosques que aún quedan en la sierra andina parecen haberse estabilizado en las últimas décadas. Al menos así lo sugiere el estudio de la distribución de *polylepis* al pie de la Cordillera Blanca, protegidos en el Parque Nacional Huascarán (Byers, 1999, 2000). El crecimiento poblacional y las mayores demandas de combustible y de madera para la construcción han dado paso a la necesidad de reforestación y a la implantación de la silvicultura con especies foráneas mencionadas líneas arriba. La reforestación de las sierras

[3] Para la historia reciente del manejo de bosques y la reforestación en Perú, véase Dourojeanni, 2009.

andinas con pinos y eucaliptos, impulsada a gran escala por los estados y ONG desde mediados del siglo XX, ha permitido reducir significativamente la presión sobre los bosques nativos, resolviendo una aguda demanda de combustible en el ámbito rural. El crecimiento de árboles nativos es lento, en comparación con las especies exóticas. Mientras un *qenual* adulto produce entre 2 y 3 m^3 de madera al año, un eucalipto puede producir 10 m^3 (Fjeldså y Kessler, 1996: 43). Sin embargo, las autoridades de algunos parques nacionales sancionan a los campesinos que van a recoger leña, aun si no es cortada, lo cual actúa en detrimento de esfuerzos de conservación convergentes.

Los efectos ecológicos negativos del pino y, especialmente, del eucalipto limitan su utilidad para el control de la erosión a largo plazo (Poore y Fries, 1987; Lisanework y Michelsen, 1993, citados en Fjeldså y Kessler, 1996: 43). Los eucaliptos consumen mucha agua; hasta 500 litros diarios, en el caso de un árbol maduro. Sus hojas contienen componentes tóxicos, especialmente fenoles, que penetran en el suelo y dificultan la germinación de otras plantas, y no favorecen la anidación de aves. Por lo mismo, impiden la formación de suelos orgánicos y reducen la cantidad de nutrientes en el suelo. Las hojas y los tallos jóvenes no sirven como forraje, y la formación de gotas grandes en las hojas puede incluso acentuar la energía de impacto, incrementando el efecto erosivo de la lluvia. Adicionalmente, la monocultura de eucalipto facilita la propagación de pestes, afectando la rentabilidad de la silvicultura. Sin embargo, más allá del peligro ecológico que encierran, el principal efecto nocivo probablemente es el social. A diferencia de la leña de árboles nativos, considerada un bien común, la leña de eucalipto es considerada un bien comercial, lo cual afecta negativamente el tejido social, en cuanto reduce la solidaridad en torno al mantenimiento y protección —necesariamente colectivos— de los bosques nativos remanentes (Fjeldså y Kessler, 1996: 43-44). Así, aunque es posible o incluso necesario sembrar especies exóticas como el pino y el eucalipto de manera ecológicamente sustentable en los Andes (M. Dourojeanni, comunicación personal, 2009), en laderas secas, rocosas o degradadas, por ejemplo, el panorama actual se caracteriza por una siembra indiscriminada en cabeceras de cuenca, a lo largo de cursos de agua y áreas en donde la hojarasca representa un riesgo de incendio en épocas de sequía. Los incendios forestales causan estragos en los parches de bosque andino remanentes, en el parque nacional Huascarán, por ejemplo, a la vez que favorecen la propagación de los eucaliptos.

Es posible, como lo sugiere el geógrafo americano Daniel Gade (1999*a*), que la mitad del retroceso de bosques andinos, de su estado prístino a su estado actual, se haya dado en los últimos 500 años (fases 3 y 4), mientras que la otra mitad habría sido causada por diez milenios de ocupación indígena (fases 1 y 2). Estudios recientes en el valle cusqueño de Patacancha, mayormente desprovisto de bosques desde hace más de 4000 años, indican que el siglo XX ha sido el más devastador de la historia para el aliso —y, posiblemente, para otras especies nativas— (Chepstow-Lusty et ál., 2003), a la vez que sugieren que este cambio se debe, principalmente, no a la introducción de pinos y eucaliptos per se, sino al marcado retroceso de las formas comunales tradicionales de tenencia y manejo de bosques (Chepstow-Lusty y Winfield, 2000).

Prácticas agroforestales andinas

De cara al panorama poco alentador presentado líneas arriba, la investigación en torno a las prácticas agroforestales y el manejo de bosques en el pasado encierra un potencial considerable. En términos de la investigación, se trata de campos incipientes, jóvenes y amplios, pues ni las prácticas tradicionales actuales han recibido mucha atención académica. El cultivo de huertas a 3900 y más metros sobre el nivel del mar en el altiplano del Titicaca, por ejemplo, es posible gracias a los microclimas propiciados por la irrigación, el uso de muros y la siembra de árboles (Morlon, 1982: 24-27; Enríquez, 1988, citado en ALT y OEA, 1999: 127-130; Claverías, 1986, citado en ALT y OEA 1999: 130-132; cf. Fjeldså y Kessler, 1996).

La evidencia directa de las antiguas prácticas agroforestales andinas data principalmente de la década de 1990 y se limita a los estudios paleoecológicos realizados sobre columnas de sedimentos, como aquella —de 6,3 m de largo— extraída de la colmatada laguna de Marcacocha, ubicada a 3300 m de altitud, en el valle de Patacancha.[4] Los análisis de alta resolución del polen y los sedimentos depositados en el fondo de esta laguna sugieren a los investigadores del equipo

[4] En su gran mayoría, los estudios palinológicos en los Andes se han realizado en lagunas de altura, por encima del límite de bosques y cultivos, y han enfocado la historia ambiental en escalas temporales geológicas, más que históricas y culturales.

liderado por el botánico británico Alex Chepstow-Lusty (Chepstow-Lusty et ál., 1997, 1998, 2003, 2004; Chepstow-Lusty y Jonsson, 2000) que el aliso fue utilizado para reforestación a gran escala desde el año 1100 de nuestra era, aproximadamente. Esto concuerda grosso modo con los resultados obtenidos por Hansen y colegas (1994) en la laguna de Paca, en la sierra central de Perú. Sin embargo, para responder inquietudes en torno a las tecnologías agroforestales particulares a una época o región determinadas será necesario realizar más estudios en lagunas cercanas o rodeadas de zonas agrícolas, donde se espera que la lluvia de polen sea más cercanamente representativa de las prácticas culturales.

La promesa del estudio con vistas a mejorar las actuales prácticas agroforestales enfocadas casi exclusivamente en pinos y eucaliptos, en cambio, se desprende de la necesidad de alternativas de manejo, urgida no sólo por el continuo retroceso de los bosques nativos, sino también por los acelerados procesos de degradación de suelos que actualmente se viven en los Andes (Guerrero Barrantes, 2005). Sin embargo, más allá de los pioneros alcances de Alipio Canahua (1978, citado en Morlon, 1996: 261) y Pierre Morlon (1982: 23-25; 1996: 260-264), sólo hemos logrado hallar menciones dispersas, por ejemplo, en un importante estudio piloto de etnobotánica para el Ecuador (Añazco, 2008). Por ello, ofrecemos algunas observaciones en torno a dos sistemas agroforestales indígenas en los escarpados valles interandinos del alto Marañón, casual y tentativamente identificados durante las labores de prospección arqueológica realizadas por el autor.

El alto Marañón

En el alto Marañón hemos identificado, de manera tentativa, dos antiguos sistemas agroforestales indígenas. La región de los Conchucos en general y el angosto valle del río Ashnocancha, en particular, se caracterizan por ser secos y sumamente empinados, a la vez que objeto de un intenso uso agrícola entre los siglos VI y XVI de nuestra era. El estrecho lecho del valle se extiende principalmente a lo largo de la franja de transición entre las ecozonas Yunga y Quechua, entre los 2000 y 2500 m, y se ve afectado por la sombra de lluvia proyectada por las altas montañas circundantes. La cobertura vegetal dominante es decidua y arbustiva, con relictos de bosques en galería a lo largo de los cursos de agua, dominados por el molle pero incluyendo árboles de los géneros *Rosacea* (*lloque*) y *Bombacacea* (*pati*).[5] En las áridas colinas y laderas se encuentran parches de tara (*Caesalpina* spp.), algunos de ellos extensos. Dispersos en el paisaje se hallan árboles frutales: cítricos, palta (aguacate, *Persea americana*), chirimoya (*Annona cherimola*) y lúcuma (*Pouteria lucuma*), principalmente.

La prospección arqueológica reveló la existencia de dos antiguos sistemas de campos de cultivo en la estrecha terraza aluvial de fondo de valle. Éstos eran irrigados mediante canales que recogían y derivaban las aguas de escorrentía para reunirlas en quebradas estacionales, encauzadas parcialmente con muros de piedra. El sistema más antiguo se caracteriza por terrazas cuadrangulares de poca altura y se asocia principalmente al uso de manantiales locales. Las terrazas incas en el fondo del valle tienden a ser rectas, altas y angostas, y se ubican principalmente en laderas antes no aprovechadas. Su irrigación parece depender de sistemas de canales más extensos. La superposición de ambos tipos de terrazas en la parte baja del poblado de Huagllapuquio sugiere que al menos un sistema hidráulico local —cercano al curso del principal camino inca— fue rediseñado extensamente antes de la Colonia.

Aunque los sembríos frutícolas establecidos en las terrazas indígenas sobre las riberas del bajo Yanamayo y sus afluentes durante las eras colonial y republicana languidecen, algunos de estos enclaves de producción complementaria continúan en uso. La tendencia al abandono, se incrementó después de la reforma agraria de 1969 y se ve intensificada por la creciente severidad de los desbordes del río Yanamayo. Restos de encauzamiento observados en el sitio arqueológico de Yangón indican que la incisión de algunas quebradas ha avanzado 5 m en 500 años y en muchos lugares los antiguos sistemas de captación de agua de escorrentía se hallan destrozados. Sin embargo, los campesinos reconocen la importancia de la diversidad de productos complementarios propios de zonas de producción encajadas en la cálida ecozona Yunga —como el algodón, el ají, las frutas, el café, la caña brava y la madera, entre otros y la tradición de comunidades y familias de mantener chacras de subsistencia en la ecozona Yunga persiste en el bajo Yanamayo, en Huacrachuco y a lo largo del río Marañón (cf. Herrera, 2005*b*). Ante la

[5] Informantes locales adicionalmente señalaron la presencia del árbol *warauyaa* en las laderas medias. En ausencia de muestras botánicas, la identificación taxonómica ha resultado imposible.

escasez de la fuerza de trabajo organizada necesaria para mantener los canales de riego que descienden de las quebradas estacionales y la imposibilidad de aprovechar del agua del Yanamayo con técnicas tradicionales debido a las crecientes y algunos campesinos han intentado utilizar motobombas.

La actual dispersión de las especies arbóreas en la cuenca sur del rio Yanamayo no se deduce fácilmente de la evidencia arqueológica disponible. Francisco Samaritano, conocedor campesino del caserío de Huagllapuquio (distrito de San Nicolás de Apac, provincia de Carlos Fermín Fitzcarrald), señaló los árboles de chirimoya (*Anonacea* spp.), lúcuma (*Pouteria lucuma*) y palta (*Persea americana*) ubicados en las empinadas quebradas al oeste del pueblo, alrededor de los 3000 msnm. Estos árboles frutales, al igual que los parches de lúcuma en las laderas al pie de los pueblos de Lucma y Llumpa, sobre la ribera opuesta del Yanamayo, producen fruta sin que nadie tenga memoria de la siembra de árboles frutales en esos lugares. Considerando el evidente impacto humano, la antigüedad de la transformación del paisaje y la antigüedad del cultivo de los frutales andinos, sugerimos la posibilidad que la dispersión de árboles frutales en quebradas y parches en el bajo Yanamayo represente poblaciones que se han dispersado a partir de los relictos de sistema agroforestales precoloniales centrados en torno a la producción frutícola. La presencia de árboles frutales en las terrazas encajadas en las empinadas quebradas estacionales (*cross channel terraces* o *check dams*) que alimentaban los sistemas de cultivo abandonados merece ser investigada.

El segundo sistema agroforestal indígena que hemos identificado lo consideramos inicialmente como un bosque natural. Un descanso en las labores de prospección permitió percibir la extensión de un parche de bosque de tara de más de una hectárea de extensión, en la confluencia de los ríos Arma y Ashnocancha y notar que campesinos locales practicaban la recolección sistemática de vainas para venderlas, en grandes costales, a pequeños comerciantes de tara itinerantes y estacionales. El volumen de producción exacto es desconocido, pero pudimos observar camiones de cinco toneladas cargados exclusivamente con vainas de tara. La semilla de la tara es rica en taninos y gomas (hidrocoloides), por lo que tiene múltiples usos tradicionales e industriales, como medicina, para la curtiembre y la industria alimenticia, por ejemplo.

Aunque no hemos hallado mención de la siembra comercial de tara, ni hay mención en los documentos coloniales consultados nos atrevemos a sugerir la posibilidad que algunos parches de tara en la cuenca del Yanamayo sean relictos de una plantación antigua. Consideramos que el estudio de la explotación indígena de la Yunga interandina debe profundizarse, pues es posible que los rodales de tara del valle del Ashnocancha obedezcan a una práctica agroforestal indígena hasta ahora desconocida, acaso similar a los árboles de *qenua* sembrados sobre terrazas a 4000 m de altura en Llali, Puno (Morlon, 1996: figura 131*a*).

El estado actual de los bosques y sistemas agroforestales andinos

En la actualidad el uso de combustibles fósiles viene reemplazado largamente la dependencia de la leña para uso doméstico en todo el mundo. El valor de los bosques se asocia, principalmente, con su papel ecológico en un contexto de calentamiento global y acelerada pérdida de cobertura boscosa (FAO, 2011), que pone de relieve los múltiples esfuerzos de conservación en la cuenca amazónica, última gran extensión de bosque continuo del planeta. Sin embargo, la postura de los agentes del desarrollo —como la FAO y el Banco Mundial— continúa enfatizando la comercialización de madera y pulpa de celulosa como un promisorio motor económico para impulsar las economías de los países pobres del trópico. Sin embargo, los resultados de las políticas imbricadas en esta visión de corto plazo han sido poco alentadores hasta el momento. La extracción ilegal de madera —impulsada por las demandas de un mercado creciente y una oferta decreciente— ha superado las capacidades de control de los Estados, generando no sólo la pérdida de ingresos formales, sino repetidos abusos de los derechos humanos de poblaciones indígenas y tradicionales, llegando incluso a desplazamientos forzados y guerras por los bosques en Brasil y Colombia, por ejemplo. La urgencia impuesta por los atropellos recurrentes y el cambio climático galopante impulsa la exploración de alternativas para un manejo de los bosques nativos que incluya la conservación de la biodiversidad per se, y no se quede allí.

El panorama de conservación y estudio de sistemas agroforestales tradicionales y bosques en la región andina está marcado por la ausencia de planes de manejo y cuidado de los escasos parches de bosque andino remanentes, y de la siembra de especies exóticas con fines mercantiles. En la vertiente amazónica cientos de miles de hectáreas de bosques silvestres son destruidas cada año, mientras que los esfuerzos de reforestación incluyen la siembra agroindustrial de especies exóticas como la palma africana (*Elaeis guineensis*).

En el Perú, uno de los principales consumidores de carbón de guarango (*Prosopis* spp.) son las pollerías, restaurantes especializados en preparar suculentos pollos a la brasa. Recientemente declarado patrimonio cultural de la nación, el pollo a la brasa peruano continúa una tradición depredadora de los bosques nativos arraigada durante la época colonial. No existen aún planes de silvicultura o manejo agroforestal de la diversidad de especies endémicas en los decrecientes bosques de guarango de la costa del Pacífico andino que permitan vislumbrar un uso sostenible.

La revisión del emergente campo de estudio de las tecnologías agroforestales precoloniales deja entrever que los pueblos del pasado reconocían la importancia de los servicios ambientales de los bosques andinos. La evidencia no es sólida pero sugiere el uso de árboles para estabilizar quebradas de fuerte pendiente, para modificar las condiciones agroclimáticas y permitir el cultivo en zonas de gran altura. Además, no hay duda de su uso y cultivo como fuente de alimentos, material constructivo y forraje. Algunos de los estudios señalados en este capítulo han surgido de —y se entrecruzan con— esfuerzos de conservación de la biodiversidad. Sin embargo, la evidencia arqueológica, histórica y etnográfica aún no ha sido aprovechada por aquellos proyectos e iniciativas de desarrollo que se esfuerzan por integrar componentes de manejo de bosques o silvicultura.

El manejo de los bosques por parte de los pueblos del pasado, y de algunas comunidades campesinas tradicionales del presente, es parte integral de sistemas agrosilvopastoriles más amplios, integrados por el uso compartido de recursos como el agua, la leña y el forraje. Es de esperar que los niveles de control centralizado y los grados de libertad de los sistemas sociotécnicos —en el sentido de Pfaffenberger— variarán para cada sistema individual, según las condiciones ecológicas, sociales e históricas específicas. Sería equivocado pensar que las investigaciones futuras develarán un 'sistema agroforestal andino' único e inmanente, pues implicaría recaer en el determinismo tecnológico.

Conclusiones

Kachi, utsu, wira kantsu
Warmi tambee chichu[1]

Yana yukis kantu

El canto del zorzal negro
Versión recogida en Barrio Alto,
Yanama, en julio de 2007.

En la sierra centroandina la sal, la manteca y el ají son difíciles de conseguir por medio del esfuerzo propio. Las fuentes de sal, los cálidos valles donde se puede sembrar ají y los pastizales de puna tienden a ser lejanos y ajenos; la producción de grasa suficiente requiere la crianza de animales —cerdos generalmente— a una escala superior a las capacidades de la mayoría de unidades familiares de agricultores. Los pastores de puna enfrentan retos distintos, a la vez que similares, por lo que las relaciones de reciprocidad y complementariedad entre comunidades con culturas diferentes son de larga data (Duviols, 1973; cf. Parsons et ál., 1997, 2000; Lane, 2006, 2009). En la actualidad, sin embargo, los bajos precios que en los mercados locales alcanzan los productos tradicionales cuyos excedentes se pueden vender con facilidad —tubérculos, cebada, trigo, fríjoles y maíz, por ejemplo— hacen cada vez más difícil suplir las necesidades familiares por vía

1 Canta el zorzal negro: "No tengo sal, no tengo ají, no tengo manteca; y mi mujer (también) está embarazada". Una versión similar fue recogida en Huashao, Yungay: *Wachkullaa kantsu/ Warmi tsuree chichu:* "Ni pañal tengo y mi mujer e hija están embarazadas" (Traducción: Hernán Aguilar).

del mercado: medicinas, útiles escolares, ropa y herramientas e insumos agrícolas, por ejemplo, no compensan el esfuerzo. La migración estacional en busca de trabajo en las ciudades o en las plantaciones agroindustriales —de azúcar, flores, coca y palma aceitera, entre otros— por parte del padre de familia constituye una importante fuente de dinero, pero implica ausencias prolongadas y potencialmente peligrosas. El canto del *yana yukis* o zorzal negro —ave cuyo errado pregón de un mandato divino se enlaza al mito de que este mundo está al revés (Carranza, 2003: 290)— simboliza la carencia material que articula la dependencia de las familias campesinas de los vínculos a larga distancia y de la economía monetaria, ambos difíciles de negociar. Es un canto a una pobreza naturalizada.

La historia de las tecnologías andinas esbozada en las páginas precedentes ha buscado trascender la naturalización de la pobreza, el 'subdesarrollo' y la desigualdad como el resultado ineludible de un proceso evolutivo. Al resaltar la originalidad de las respuestas técnicas y prácticas a los retos que la diversidad ecológica y la irregularidad hídrica plantean para las economías de subsistencia en diferentes lugares de los Andes, pone en tela de juicio la fetichización de la que son objeto las técnicas mecanizadas 'modernas'. La presente síntesis del estado actual de las tecnologías indígenas demuestra que el desarrollo histórico de las prácticas agrícolas, de pastoreo y agroforestales andinas ha generado una amplia gama de conocimientos técnicos en torno a las interrelaciones de plantas, animales y el entorno vivido. La resiliencia de los dinámicos sistemas agro-silvo-pastoralistas tradicionales —capaces de integrar nuevos animales, plantas, técnicas y herramientas, así como de adaptar o transformar los existentes— indica que éstos constituyen una importante reserva de conocimientos para dispersar de manera efectiva los riesgos emergentes de situaciones de cambio climático o social.

A modo de preámbulo a esta conclusión podemos proponer el reconocimiento de que los sistemas sociotécnicos andinos no forman parte de un pasado remoto que espera ser recuperado. Son cientos o miles los individuos y comunidades que experimentan a diario nuevas combinaciones de técnicas, semillas y prácticas, no obstante la incesante erosión de las formas tradicionales de organización social. Sin embargo, la manera de concebir las sociedades indígenas del pasado, acaso desde la arqueología, incide marcadamente sobre nuestra comprensión de su desarrollo y la valoración de su potencial para el presente y viceversa.

La conclusión más amplia, y quizás la más importante, es la necesidad de problematizar los conceptos base de la recuperación de tecnologías indígenas. Pese a que su amplio espectro hace difícil sintetizarlos, los proyectos de desarrollo basados en la 'recuperación' de tecnologías y desplegados hasta la fecha han tenido en común la idea de 'generar desarrollo' a partir de la 'recuperación' de tecnologías largamente 'perdidas'. Perú y Bolivia han sido algunos de los más activos propulsores de políticas enfocadas en mejorar la producción de las unidades familiares a partir de esta idea, llegando a estar entre los líderes mundiales en este campo durante las décadas de 1980 y 1990. Sin embargo, es posible distinguir iniciativas impulsadas con fines políticos y propagandísticos a corto plazo, como la construcción de terrazas y zanjas de infiltración a gran escala en la antesala de la elección peruana del año 2000, de los esfuerzos de investigación y extensión a largo plazo, como la construcción de campos elevados en el altiplano del Titicaca, entre 1989 y 2003.[2] Por otro lado, la Iglesia y múltiples ONG, así como algunas universidades, también han auspiciado y financiado cientos de estudios y proyectos de recuperación, algunos de ellos más ambiciosos y mejor financiados que las iniciativas estatales. El discurso en torno a la 'recuperación' de 'tecnologías del pasado', sin embargo, se halla en todos los casos íntimamente vinculado a propuestas políticas impulsadas por poderosos agentes institucionales con objetivos disímiles, a partir de la idea del aprovechamiento del potencial productivo de un patrimonio olvidado y abandonado, en aras del bien común. El supuesto base del olvido, sin embargo, se contrapone a la contribución activa de los agricultores y pastores que participan en los proyectos de 'recuperación' desplegando sus conocimientos (actuales) para complementar o mejorar las ideas o planes de los ingenieros,

2 Cabe mencionar el retiro de apoyo a los proyectos enfocados en la autosubsistencia campesina, en favor de proyectos de corte mercantil. El actual proyecto bandera es la irrigación Lagunillas, cuyo objetivo es poner 30.000 ha bajo irrigación, a partir de la construcción de una represa de 500.000 m^3, con un enfoque pecuario: ganadería lechera con piso forrajero de avena, trébol blanco (*Trifolium repens*), alfalfa y cebada, para la producción de queso y leche, con vistas a su exportación a través de una carretera transoceánica en construcción. Además, se busca incrementar la producción de quinoa blanca. El modelo es la irrigación Majes (ingeniero César Díaz, comunicación personal, 2007). Más allá de los riesgos de pérdida total de cosechas asociados al monocultivo de una variedad de quinoa de grano grande en condiciones de altura, los efectos sobre los humedales de altura sembrados con una especie muy invasora y sometidos a presión ganadera fuerte son difícilmente previsibles.

técnicos y especialistas (igualmente actuales), bien sea para aportar sus conocimientos —acerca de la previsión del clima, el cultivo tradicional en *wachus* o la resistencia de diversas variedades frente a heladas, sequías o tormentas, por ejemplo— o para enfrentar la puesta en práctica de planes descabellados, como el abuso de maquinaria pesada en el mantenimiento de jagüeyes o el trasvase de agua desde cuencas con déficits hídricos estacionales. Por ello, antes de pensar en 'recuperación', es conveniente considerar con detenimiento lo que se está recuperando, atendiendo no sólo a los derechos de propiedad intelectual y material sobre los restos de propiedad, sino sopesando críticamente las asimetrías de poder en que se hallan insertos los diferentes regímenes de propiedad —derechos indígenas, patentes comerciales o prerrogativas estatales— sobre los cuales se construyen las diferentes variantes del discurso sobre el pasado y su recuperación, es decir, los aspectos éticos de la arqueología (cf. Vitelli y Colwell-Chanthaphonh, 2006; Wylie, 1997, 2005; Zimmerman et ál., 2003).

En la generación de los proyectos de desarrollo basados en la 'recuperación', la contratación de especialistas —con frecuencia, consultores independientes u ONG— desempeña un papel fundamental. Por lo general, se trata de especialistas con algún grado de instrucción superior formal, desligados de los contextos locales y, con frecuencia, extranjeros que vienen a conocer las realidades locales por intermedio de los mismos contratantes. Independientemente de su origen, existe el riesgo de que los consultores y ONG adopten —parcial o totalmente— las formas de ver y entender la historia y el entramado social local, prefiguradas por la situación de poder desde la cual actúan el Estado, la Iglesia, las ONG o el agente institucional en cuestión, sin mencionar la posible existencia de prejuicios propios. En casos en donde hay urgencia de ejecutar un proyecto, en la antesala de una elección o del término de programas de financiamiento multilaterales, el hecho de consultar a los actores locales puede pasar a segundo plano, incluso en proyectos de desarrollo participativo y, sobre todo, cuando hay resistencia local. Irónicamente, una menor consulta de la población local puede facilitar a los gerentes de proyectos la presentación 'exitosa' ante los entes financistas del desarrollo de la implementación de ideas generadas desde 'arriba'.

La visión vertical del desarrollo de la década de 1980 esbozada líneas arriba recuerda en algo la discusión sobre los modelos verticales y horizontales —de pulso central o desarrollo raizal— para explicar el surgimiento histórico de los extensos sistemas de campos elevados en el altiplano del Titicaca, los Llanos de Mojos o la costa de Ecuador (ver el capítulo 3). En lo que concierne a su recuperación en el presente, consideramos que existe suficiente evidencia para inclinarse a favor de un modelo de corte horizontal. En este contexto, es interesante remarcar el giro dado en Bolivia por el Programa de *suka kollus* (PROSUKO), el cual pasó de ser una de las tantas organizaciones no gubernamentales de desarrollo (ONGD) involucradas en la rehabilitación de campos elevados por la vía asistencialista en las décadas de 1980 y 1990, a una ONG participativa dedicada a fomentar la transmisión horizontal de saberes campesinos para la gestión de riesgos y facilitar el acceso a microcréditos (Eddy Morales, comunicación personal, octubre de 2007). El eje de su labor es la capacitación de 'técnicos agrónomos indígenas' o *yapuchiris* (COSUDE, 2007) —figura similar a los *yachatsiq* de MARENASS (ver abajo) y los *kamayuk* de ITDG (cf. Coello, 2006)—, la cual facilita el uso de herramientas de comunicación —cámaras fotográficas, grabadoras y computadoras— para realizar presentaciones multimedia y difundir así sus conocimientos de manera efectiva entre asociaciones de productores, con vistas a mejorar las tasas productivas (Fundación Agrecol Andes y PROSUKO, 2006). Los saberes tradicionales aimara en torno a diferentes bioindicadores para la previsión del clima y el uso de 'caldos' de hierbas para tratar cultivos afectados por la heladas son tratados como 'servicios' ofrecidos por los *yapuchiris,* y es interesante resaltar que éstos raras veces giran en torno a la rehabilitación del *hardware* productivo —terrazas y camellones—, siendo de mayor importancia la demanda de conocimientos prácticos aplicables a situaciones concretas. Consideramos que el éxito de los programas iniciados por ONG como PROSUKO y proyectos estatales como MARENASS,[3] ejemplares en lo concerniente al esfuerzo de aprendizaje institucional de las experiencias en el

[3] "El Proyecto Manejo de Recursos Naturales en la Sierra Sur, MARENASS, es un proyecto especial del Ministerio de Agricultura, con autonomía técnica, administrativa y económica, dentro del Convenio de Préstamo 386-PE suscrito entre el gobierno del Perú con el Fondo Internacional de Desarrollo Agrícola (FIDA). Su objetivo principal es ampliar las áreas cultivables e incrementar el valor de los recursos naturales para la producción de los agricultores de la Sierra Sur del Perú. Su estrategia se basa en la difusión, transferencia e internalización de tecnologías agropecuarias que promueven la recuperación y conservación de los recursos naturales, a fin de mejorar las condiciones de vida de los campesinos y revalorizar su patrimonio en los mercados correspondientes. El proyecto cuenta con estrategias de capacitación y cambio tecnológico y acompañamiento que promueven recursos para la inversión" (Suárez Hancco, 2003: 464).

campo de la recuperación de tecnologías indígenas en los Andes, se debe en buena medida al papel protagónico que un experimentado equipo de técnicos —cuyas competencias sociales incluyen el manejo del idioma indígena y de las costumbres locales, lo cual permite nivelar las asimetrías de poder más extremas, contribuyendo al empoderamiento de los actores locales— otorga a los actores campesinos.

Las experiencias estudiadas para este volumen sugieren que los esfuerzos por recuperar lo que —aún— *no* se ha perdido, acaso cuando el análisis y la metodología yacen en manos de las comunidades locales, tienden a ser más exitosos. El contexto del actuar campesino está marcado por múltiples presiones que profundizan las relaciones de dependencia del mercado monetario, en las que la mayoría de la población rural andina se halla inserta en la actualidad. Éstas incluyen el mercadeo agresivo de insumos agrícolas y semillas 'mejoradas', la biopiratería, estrategias verticales de 'transferencia tecnológica' con fines mercantiles y la tendencia a la baja de los precios de la gran mayoría de productos nativos en los mercados nacionales e internacionales. Los esfuerzos por parte de municipios, comunidades tradicionales o grupos familiares que podrían clasificarse dentro del ámbito de la "recuperación de tecnologías indígenas", sin embargo, rara vez han sido objeto de publicaciones o estudios detallados. Esta situación se debe, al menos en parte, a que éstos esfuerzos no forman parte de propuestas políticas per se, pues se insertan en visiones de futuro vinculadas a los ritmos y culturas locales. Dado que las ideas en torno a qué constituye un impacto positivo y sustentable tienden a ser divergentes —y que varían en el tiempo—, cabe sugerir que los indicadores y parámetros para evaluar la efectividad de proyectos de desarrollo enfocados en la aplicación de tecnologías indígenas deben ser dictados por los agentes locales, asegurando una participación adecuada desde el diseño del proyecto, pues es desde ahí que se garantiza una visión local inmersa de manera efectiva en el mismo.

Pese a los crecientes esfuerzos por destronar el mito de la superioridad de la agricultura industrializada desde diferentes ángulos —incluidos la agroecología, las reivindicaciones indígenas, los derechos campesinos, la inseguridad alimentaria y el movimiento en pro del comercio justo, entre otros—, es menester reconocer que el mito justifica las profundas asimetrías de poder en que, a su vez, se basa. Los investigadores y agentes del desarrollo aún tienen un largo camino que recorrer para conectarse con las instancias autóctonas de reapropiación de la

Fig. 26. **San Gil Campomanes con la válvula adaptada según su diseño**, que utilizará para derivar agua de un canal de concreto, como si fuese un canal tradicional de piedra y barro. Su invento le permitirá subvertir la acepción excluyente de la propiedad del agua inherente a la noción de 'pérdida' por infiltración

Foto: el autor

cultura material del pasado (figura 26). Un paso importante es reconocer que —a diferencia de los contextos urbanos en que la mayoría de los agentes del desarrollo se halla inserta— en el ámbito rural la auto-subsistencia y la sustentabilidad a largo plazo tienen precedencia frente al dinero.

A riesgo de simplificar demasiado, podemos decir que, pese al auge del desarrollo participativo, persiste una marcada tendencia vertical en la relación entre los agentes del desarrollo, el Estado, la Iglesia, las ONG nacionales e internacionales, los técnicos y especialistas, los investigadores —arqueólogos, ecólogos, antropólogos, lingüistas, entre otros— y las comunidades campesinas locales. Las asimetrías en las relaciones internacionales de los países andinos se traslapan también con el endocolonialismo la colonización interna —criolla y mestiza— que prevalece durante la época republicana. Persiste entonces una perniciosa tendencia a hablarles a las comunidades indígenas, decirles lo que deben hacer, en vez de prestar atención a los expertos o inventores locales y propiciar diálogos horizontales que tengan en cuenta las particularidades culturales, saberes y conocimientos específicos de los agentes indígenas, pastores o campesinos (figura 27).

Fig. 27. **Gastón Quispe señala el canal principal del "reloj solar" de Caritamaya**, un sistema de campos elevados de original diseño cultivado comunalmente en *aynuqa*

Foto: el autor

Desde hace más de 25 años[4] las investigaciones de arqueólogos, antropólogos, geógrafos y geólogos históricos, historiadores y sociólogos, entre otros, han permitido comenzar a comprender las tecnologías indígenas andinas como un conjunto histórico de prácticas que conforman sistemas de manejo de un entorno diverso, complejo y transformado, enmarcadas en formas de ver y entender el mundo culturalmente enraizadas. Más allá de registrar, describir y analizar los restos materiales y sopesar los condicionamientos ambientales y sociales de las tecnologías históricas o tradicionales en los niveles local, microambiental e, incluso, microscópico, su aporte fundamental para el presente consiste en mejorar la comprensión de los efectos de diversas técnicas de manejo del paisaje, como el mejoramiento paulatino y cíclico de los suelos, al propiciar horizontes con mayor humedad y contenido orgánico, acondicionando el drenaje en campos inclinados o aplicando ciclos de descanso del suelo (barbecho sectorial) y rotación de cultivos; del germoplasma, al propiciar una creciente diversidad de especies adaptadas a una amplia gama de condiciones ecológicas, incluidas condiciones extremas de temperatura y humedad; o de los sistemas de almacenamiento y distribución de agua, al manejar la infiltración para dirigir la permeabilidad de canales y

[4] Consideramos que el libro *Tecnologías agrícolas tradicionales en los Andes centrales. Perspectivas para el desarrollo* de Pierre Morlon, Benjamin Orlove y Albéric Hibon (1982) es el hito inicial y la primera visión de conjunto del tema.

reservorios o elevar la capa freática en las cabeceras de cuenca, para satisfacer la demanda del valle en épocas de sequía.

El contraste de datos arqueológicos, históricos y etnográficos también permite concluir que las estrategias andinas tradicionales mantienen similitudes importantes con los sistemas del pasado, y que se diferencian de las técnicas de explotación agroindustriales basadas en el cultivo de una reducida gama de especies con una intensiva inversión en términos de maquinaria e insumos industriales. Las estrategias andinas tienden a ser agrosilvopastoriles y buscan maximizar la distribución de riesgos en el tiempo y el espacio, por lo que se traslapan con el aprovechamiento 'vertical' de pisos ecológicos que caracteriza las áreas montañosas del mundo en general, y de los Andes en particular. Es necesario reconocer la importancia de las trayectorias históricas de regulación autogestionaria de la distribución de agua, generalmente —mas no siempre— organizada en los grupos de comunidades que comparten cuencas particulares y vinculadas a ciclos festivos y de trabajo, por encima de los derechos de propiedad privados sobre el agua o la tierra o la intervención del Estado. Este punto es fundamental, en cuanto la inversión de trabajo necesaria para poner en funcionamiento infraestructura productiva abandonada o arqueológica requiere de una visión de conjunto a largo plazo, compartida por todos los actores imbricados en la labor y fundamentada en una evaluación cualitativa de la relación entre los seres humanos y su entorno que ponga las generaciones futuras por delante de la rentabilidad económica coyuntural, es decir, la sustentabilidad ecológica y cultural de las técnicas empleadas, por delante de las doctrinas del desarrollo.

Las tecnologías indígenas andinas conforman un conjunto de prácticas históricamente enraizadas que posibilitan sistemas de manejo de un entorno diverso, complejo y transformado, enmarcado en formas culturales particulares de ver y entender el mundo. Como Lemmonier (1993) y otros han recalcado, la tecnología es irreducible a un conjunto de 'cosas', 'saberes' o 'maneras de hacer' divorciados de su contexto social, histórico y cultural específico. La tecnología puede ser entendida como una fuerza abstracta que involucra los aspectos económicos y políticos de los objetos y su uso productivo, tanto como sus facetas sociales, religiosas o culturales. Es en este sentido que la definimos como un conjunto de prácticas sociales, imbricado en redes sociales tejidas alrededor de objetos, lugares en el paisaje y conocimientos culturales específicos.

Queda claro que las semillas, los animales, el suelo y el agua son sólo algunos de los elementos materiales de sistemas sociotécnicos que implican saberes, mentalidades y costumbres ancladas a relaciones espaciales, identidades y formas de organización social y cultural. La manufactura y uso de arados de pie o *chaki taklla*, por ejemplo, tiende a implicar el cuidado de los árboles de los que se obtendrá la madera de la forma y dureza correcta, de los animales que proporcionarán el cuero adecuado para los amarres y el acceso a los muelles de camión y las relaciones con herreros que los transformarán en hojas con las características idóneas para los suelos que se ararán. A la vez que permite un manejo del suelo más cuidadoso y —bajo ciertas condiciones— más provechoso que el arado de tracción mecánica, la *chaki taklla* es un poderoso símbolo de identidad (figura 28) cuyo manejo se vincula incluso a populares pasos de baile tradicionales. Desde esta perspectiva, la 'recuperación' de tecnologías autóctonas no sólo ofrece una amplia gama de 'técnicas' y 'capital natural mejorado' para una producción más eficiente o sustentable a largo plazo. Es inseparable de la reivindicación de las identidades indígenas y de las formas de organización que hacen posible su reproducción.

Fig. 28. **El uso de la *chaki taklla* como símbolo de la agricultura andina**, en la portada de *Agronoticias, Revista para el desarrollo*

Foto: cortesía de Reynaldo Trinidad, director de *Agronoticias* (reproducida con autorización)

Epílogo sobre el patrimonio

Como epílogo de este libro sobre las tecnologías andinas, una discusión en torno a la noción de patrimonio, concepto clave para referirse a los vínculos entre el legado material del pasado, la arqueología y el desarrollo. Al igual que 'tecnología', sus acepciones se entrecruzan, y a veces se contradicen (ver el capítulo 2). Entre las múltiples confusiones, podemos destacar la etimología del término, pues no son pocos quienes consideran que se deriva de patria, en el sentido de Estado o nación. Sin embargo, son las mismas legislaciones nacionalistas las que tienden a darle esta acepción, otorgando potestad al Estado, por encima de la propiedad privada y colectiva de la tierra y los derechos de uso consuetudinarios y ancestrales sobre los restos materiales. Sin embargo, el término deriva de *patrimonĭum,* en el sentido de aquello que ha de heredarse. Para el caso de las tecnologías indígenas, estas acepciones son en sumo problemáticas, incluso si restringiéramos la definición a los aspectos materiales de la tecnología —las terrazas, semillas y herramientas, por ejemplo—, pues para poder hablar de patrimonio en este sentido, es necesaria la presencia de un difunto. Desde esta perspectiva, hablar del patrimonio cultural de una nación relega y posterga la existencia de lo indígena en la actualidad, dándolo tácitamente por muerto. Éste es, en efecto, el tenor de buena parte de la legislación sobre patrimonio en los países andinos, por lo que es objeto de múltiples y entrecruzadas réplicas.

Si, en cambio, tomamos una postura frente al patrimonio que responda a las difíciles preguntas en torno a quiénes legan qué, legítimamente a quién, de una manera generosa y pensando en maximizar la cantidad de beneficiarios y extender las libertades de los individuos —acaso dando prioridad a los más necesitados—, nos acercamos a los actuales discursos políticos y pragmáticos sobre el patrimonio como un derecho y un bien social. La necesidad de proteger los restos materiales del pasado, entonces, pasa de ser una justificación para la intervención de actores estatales o inversionistas privados a un plano más bien utilitario. Según la postura utilitarista, conviene aprovechar o explotar los 'recursos culturales' en beneficio de una comunidad —bien sea la nación, la región, el distrito, el valle o la parroquia—, para afrontar las necesidades del presente en beneficio de las generaciones futuras. He aquí un punto de anclaje conceptual de quienes abogan por impulsar el turismo, en aras del desarrollo.

La generación de ingresos a partir de la explotación del patrimonio cultural y el fomento del turismo receptivo representa una estrategia económica enfocada en la venta de servicios en el mercado global del turismo. En los Andes su ejemplo más marcado es la región de Cusco, con el sitio arqueológico de Machu Picchu como foco de interés central. El flujo de turistas a esta región es superior al medio millón anual, y más del 90% de los turistas extranjeros "vienen a conocer sitios arqueológicos",[1] lo cual genera ingresos del orden de 2000 millones de dólares, según la gerente de la Comisión de Promoción del Perú (*PromPerú)*, Mara Seminario. No extraña entonces que numerosas autoridades regionales y locales a lo largo de los Andes vean los sitios arqueológicos monumentales de su localidad como potenciales imanes para el turismo receptivo, idealizándolo como una panacea para el desarrollo regional. Una de las consideraciones del diseño del reloj solar de Titijo (ver capítulo 3) es atraer turistas internacionales. Sin embargo, los críticos señalan una clara tendencia a que el turismo favorezca de manera desproporcionada a los operadores de turismo y comerciantes —dependientes de capitales extranjeros y nacionales—, antes que a las comunidades locales, señalando además los riesgos de desplazamiento físico y la pérdida de identidad asociada a representaciones exotizantes, que se desprenden de la dependencia externa (Ruiz Rubio, 2010; Herrera, en prensa). La realidad demuestra que, si bien el juego con los preconceptos del turista extranjero funciona —en el sentido de que el exotismo del pasado y de lo indígena promociona el turismo receptivo de manera efectiva—, el grueso de los beneficios y las divisas no llega a las comunidades locales asentadas cerca de los sitios arqueológicos. Los recursos pasajeros son captados principalmente por las agencias de viajes, hoteles, aerolíneas, así como por el fisco. En vista de que los dueños, directivos y guías de las empresas de

[1] Estudio de PromPerú basado en 400 entrevistas y difundido mediante nota de prensa fechada el 15 de febrero de 2007 en: media.peru.info/noticia/Attach/mara_seminario_9539.doc, recuperado el 18 de octubre de 2008.

turismo rara vez son miembros de las comunidades locales, y que incluso evitan trabajar con los comedores y alojamientos comunitarios donde éstos existen —el caso de la isla de Taquile, en el lago Titicaca, es notorio en este sentido—, resulta forzado argumentar que la venta ocasional de artesanías, alimentos y golosinas o el trabajo de cocina o limpieza ocasional en un hotel equivalen a un desarrollo sustentable, sostenible y digno, a la par con la grandeza del pasado que el patrimonio cultural atestigua.

En vista de las múltiples ramificaciones de las contradicciones esbozadas, es necesario impulsar una vigorosa discusión teórica en torno a las diferentes acepciones de patrimonio y sus consecuencias para las distintas visiones de lo que constituye el desarrollo. Ante una coyuntura en donde la distancia crítica que muchos arqueólogos mantienen teóricamente frente al turismo se ve subvertida por lucrativas oportunidades de empleo, recientemente algunos arqueólogos han comenzado a abrir nuevos espacios de acción, en alianza con comunidades locales y ONG (Ayala et ál., 2003; Lima, 2003; Nielsen et ál., 2003). El análisis de los entrecruzados intereses de las diferentes dependencias del Estado, las empresas privadas, los investigadores, las comunidades locales y los grupos indígenas constituye puntos de partida importantes. Seguidamente, habrá que desarrollar y aplicar herramientas conceptuales adecuadas a una situación histórica compleja y sumamente particular. La traducción de textos acerca de la situación de *heritage* o *Kulturerbe* en otros países, informativa en cuanto ilumina conceptos y discusiones emparentados, difícilmente ofrecerá alternativas endógenas de desarrollo basadas en el patrimonio cultural andino.

La revisión de las aplicaciones prácticas del conocimiento acerca del pasado que la arqueología andina ha producido permite señalar cómo las limitaciones de los referentes teóricos —comenzando por los conceptos *desarrollo* y *tecnología*— afectan negativamente la construcción de una arqueología *para* el desarrollo. Del mismo modo, ha puesto sobre el tapete la tensión entre dos acercamientos al desarrollo distintos entre sí, los cuales podríamos calificar como *pragmático* e *idealista*. El acercamiento pragmático es aquel que toma el capitalismo de mercado como marco de referencia básico. Se caracteriza porque calcula la inversión de trabajo para la reconstrucción de terrazas y canales, así como el valor de las cosechas, en términos monetarios o energéticos. El acercamiento idealista, en cambio, se estructura en torno a las economías campesinas de subsistencia, contexto histórico fundamental del desarrollo de la gran mayoría de las tecnologías andinas en el pasado. La escasez de razonamientos y discusiones alrededor del vínculo entre arqueología y desarrollo probablemente es una de las múltiples causas del reducido impacto de los experimentos en arqueología aplicada.

Sin pretender salvar esta brecha en pocas líneas, es posible proponer ejes para futuras discusiones en torno a los vínculos entre desarrollo y arqueología. Las implicancias de las diferentes acepciones de patrimonio, esbozadas líneas arriba, constituyen el primero. El segundo es la noción de paisaje.

Comprender la historia de la transformación de paisajes —incluida la interacción a largo plazo de los múltiples factores bióticos y sociales— es clave para evaluar el potencial de la arqueología aplicada para el desarrollo en una comunidad o municipio en particular. Una visión clara de los procesos a lo largo del tiempo y las estrategias perseguidas por los actores del pasado, sin embargo, requiere investigaciones que permitan, entre otros, la elaboración de mapas para visualizar el crecimiento y contracción de diferentes sistemas productivos, cada uno afecto a dinámicas históricas particulares. La segmentación disciplinar de la academia hace difícil este tipo de síntesis. La arqueología tiende a abordar la génesis de las prácticas productivas y las trayectorias de los diferentes sistemas de producción en el pasado precolonial y a reconstruir la historia de las diferentes sociedades que transformaron el paisaje. El estudio de la historia colonial y republicana, en cambio, tiende a enfocar y dimensionar el impacto de los quiebres políticos y económicos de la historia reciente, que condiciona la estructura de la tenencia y los usos actuales de los paisajes andinos. La perspectiva etnográfica y antropológica, finalmente, nos acerca a las prácticas contemporáneas de las poblaciones indígenas, campesinas y mestizas que aprovechan, transforman y reinventan paisajes culturales antiguos, así como a la complejidad de sus relaciones. Son pocos los estudios que buscan trascender esta segmentación, (los estudios liderados por William Denevan en el valle del Colca y por Jorge Marcos en la península de Santa Elena constituyen dos excepciones).

Consideramos útil pensar el vínculo entre arqueología y desarrollo como un conjunto de prácticas sociales e históricas situadas. Para ello, es necesaria una base teórica amplia, enfocada en la materialidad de los restos arqueológicos dispersos en el paisaje; es decir, en espacios culturalmente transformados a lo largo de la historia —material e inmaterialmente— que son afectados por el ser humano, a la vez que influyen sobre él. Reconocer las diferentes trayectorias de uso —fechar terrazas y canales, por ejemplo— significa un reto metodológico importante, pero su solución representa tan sólo una parte del problema. Es menester estudiar y conocer también la contemporaneidad y superposición de significados, a la par que las contradicciones surgidas de la coexistencia de regímenes de significación distintos, tanto en el pasado como en el presente. Dado que la presencia simultánea de intereses y grupos de poder disímiles no es un fenómeno nuevo, el estudio arqueológico de los espacios de encuentro —plazas, patios y espacios abiertos, principalmente— y de las prácticas de negociación —festines, ofrendas y bailes, entre otros— resulta particularmente pertinente.

Bibliografía

Adelaar, Willem. (2004). *The Languages of the Andes*, Cambridge: Cambridge University Press.

Agrawal, Arun. (2002). "El conocimiento indígena y la dimensión política de la clasificación", *Revista Internacional de Ciencias Sociales,* núm. 173.

Aguilar Díaz, Miguel. (2006). "Surgimiento de las sociedades complejas en los Andes centrales. Una perspectiva desde el Valle de Huaura, Perú". Monografía para optar al Título Profesional de Licenciado en Arqueología, Universidad Nacional Federico Villarreal, Lima.

Aguirre Morales, Manuel. (2005). *La Arqueología Social en el Perú*, Oxford: B.A.R. International Series.

Albeck, María Ester. (1993). "Contribución al estudio de los sistemas agrícolas prehispánicos de Casabindo [Puna de Jujuy]", Ph.D., Universidad Nacional de la Plata, La Plata.

ALT y OEA. (1999). "Fomento del uso de tecnologías adecuadas para la producción sustentable del altiplano de Perú y Bolivia". Bases para el plan de gestión ambiental del sistema hídrico del Lago Titicaca, Río Desaguadero, Lago Poopó y Salar de Coipasa (TDPS). Convenio OEA / PNUMA - Gobiernos de Perú y Bolivia, La Paz y Puno.

Altieri, Miguel (ed.). (1987). *Agroecology. The Scientific Basis of Alternative Agriculture*, Boulder, CO: Westview.

Álvarez, Silvia. (1985). Informe preliminar: Proyecto Tecnología Agrícola, Guayaquil: ESPOL y CEAA.

Álvarez, Silvia (ed.). (2004). Comunas y comunidades con sistemas de albarradas. Descripciones etnográficas, Quito: Abya-Yala y ESPOL.

Álvarez, Silvia; Bazurco, Martín; Burmester, Mónica y González Andricaín, Claudia. (2004). Organización social, cultural y gestión de Albarradas en la PSE, en Marcus, Jorge (ed.). *Las albarradas en la casta del Ecuador: rescate del conocimiento ancestral del Manejo sostenible de la biodiversidad*, Guayaquil: CEAA-ESPOL.

Andrade, Á. (1988). "Investigación arqueológica de los antrosolos de Araracuara (Amazona)", en *Arqueología Colombiana*, núm. 31.

Antúnez de Mayolo, Santiago. (2004). *Sistema precolombino de previsión del clima*, Lima: Impresiones Benito.

Añazco, Mario. (2008). "Usos medioambientales de las plantas", en De la Torre, Lucía, Navarrete, Hugo, Muriel, Priscilla, Macía, Manuel y Balslev, Henrik (eds.) Enciclopedia de las Plantas Útiles del Ecuador, Quito /Aarhus: Herbario QCA de la Escuela de Ciencias Biológicas de la Pontificia Universidad Católica del Ecuador & Herbario AAU del Departamento de Ciencias Biológicas de la Universidad de Aarhus.

Arocena, Rodrigo y Senker, Peter. (2003). "Technology, inequality, and underdevelopment: The case of Latin America", *Science, Technology & Human Values*, vol. 28, núm. 1.

Arriaza, Bernardo. (1999). *Beyond death: The Chinchorro mummies of ancient Chile*, Washington: Smithsonian Institution Press.

—. (2003). *Cultura Chinchorro. Las momias más antiguas del mundo*, Santiago de Chile: Editorial Universitaria.

Arriaza, Bernardo y Vivien Standen. (2002). *Muerte, momias y ritos ancestrales*, Arica: Ediciones Universidad de Tarapacá.

Ayala, Patricia, Avendaño, Sergio y Cárdenas, Ulises. (2003). "Vinculaciones entre una arqueología social y la comunidad indígena de Ollagüe (región de Antofagasta, Chile)", *Chungara, Revista de Antropología Chilena*, vol. 35 núm. 2.

Baldini, Lidia. (2003). "Proyecto Arqueología del valle Calchaquí central (Salta, Argentina). Síntesis y perspectivas", *Anales Nueva Época*, vol. 6.

Banco Internacional de Reconstrucción y Fomento y Banco Mundial. (2007). Informe sobre el desarrollo mundial 2008: agricultura para el desarrollo. Panorama general, Washington D.C.: Banco Mundial.

Bandy, Matthew S. (2005). "Energetic efficiency and political expediency in Titicaca Basin raised field agriculture", *Journal of Anthropological Archaeology*, vol. 24.

Barreda, Luis. (1983). "Evolución del pastoreo y de la agricultura en el área de Cusco, vista desde la arqueología", en Fries, Ana María (ed.), *Evolución y tecnología de la agricultura andina*, Cusco: III, IICA, y CIID.

Batchelor, Bruce. (1980). "Los camellones de Cayambe en la sierra de Ecuador", *América Indígena*, vol. XL núm. 4.

Bauer, Brian. (1998). *The sacred landscape of the Inca: The Cusco ceque system*, Austin: University of Texas Press.

Bauer, Brian (ed.). (2007). *Kasapata and the Archaic period of the Cuzco Valley,* Los Ángeles: Cotsen Institute of Archaeology at UCLA.

Bennett, Wendell y Bird, Junius. (1949). *Andean Culture History*, New York: American Museum of Natural History.

Berastain, Juan Pablo. (1999). *Waru waru: cultura y desarrollo en el altiplano del Titicaca*, Puno: PIWA-PELT.

Beresford-Jones, David. (2000). "Putting the tree back into the landscape: Towards reconstructing the pre-Hispanic Prosopis forests of the Peruvian South Coast", Tesis doctoral (Ph.D.), University of Cambridge.

Beresford-Jones, David, Arce, Susana Whaley, Oliver y Chepstow-Lusty, Alex. (2009). "The role of Prosopis in ecological and landscape change in the Samaca basin, Lower Ica Valley, South Coast Peru from the Early Horizon to the Late Intermediate Period", *Latin American Antiquity*, vol. XX núm. 2.

Beresford-Jones, David, Lewis, Helen y Boreham, Steve. (En prensa). "Linking cultural and environmental change in Peruvian prehistory: Geomorphological survey of the Samaca basin, Lower Ica Valley, Peru", Catena.

Berman, Marshall. (1989). *Todo lo sólido se desvanece en el aire: la experiencia de la modernidad*, México: Siglo XXI Editores.

Binford, Lewis. (1962). Archaeology as Anthropology. *American Antiquity,* vol. 28, núm. 2, p.p. 217-225.

Bolin, Inge. (1987). "The organization of irrigation in the Vilcanota Valley of Peru". Tesis doctoral (Ph.D.), University of Alberta-Edmonton.

Bonavía, Duccio. (1982). *Los Gavilanes. Mar, desierto y oasis en la historia del hombre precerámico peruano*, Lima: COFIDE y Kommission für Allgemeine und Vergleichende Archäologie des Deutschen Archäologischen Instituts.

—. (1996). *Los camélidos sudamericanos. Una introducción a su estudio*, Lima: IFEA, Universidad Peruana Cayetano Heredia, Conservation International.

Boserup, Ester. (1965). *The conditions of agricultural growth: The economics of agrarian change under population pressure*, Chicago: Aldine Publishing Company.

Bouchard, Jean François y Usselmann, Pierre. (2006). "Espacio, medio ambiente y significado social de los camellones andinos", en Valdez, Francisco, *Agricultura ancestral. Camellones y albarradas,* Quito: IFEA y Abya-Yala.

Broadbent, Sylvia M. (1964). "Agricultural Terraces in Chibcha Territory", en *American Antiquity*, vol. 29, núm. 4.

Brooks, Sarah. (1998). "Prehistoric agricultural terraces in the Río Japo basin, Colca Valley, Peru". Tesis doctoral (Ph.D.), University of Wisconsin-Madison.

Browman, David. (1990). "High altitude camelid pastoralism of the Andes", en Galat, John y Johnson, Douglas (eds.), *The world of pastoralism. Herdings systems in comparative perspective*, Guilford: Belhaven.

Brundtland, Gro (ed.). (1983). *Nuestro futuro común*, Madrid: Alianza Editorial.

Brush, Stephen. (1980). "Environment and native Andean agriculture", *América Indígena*, vol. XL, núm. 1.

Burger, Richard. (1992). *Chavín and the origin of Andean civilization*, Londres: Thames and Hudson.

Butzer, Karl. (1988). "Cattle and sheep from Old to New Spain: Historical antecedents", *Annals of the Association of American Geographers*, vol. 78.

Cabrera, Daniel. (2006). *Lo tecnológico y lo imaginario. Las nuevas tecnologías como creencias y esperanzas colectivas*, Buenos Aires: Biblos.

Caillavet, Chantal. (2004). "Campos elevados en el norte de Ecuador. La historia y los desafíos del manejo autóctono de los ecosistemas del altiplano y los llanos tropicales", en Restrepo, Roberto (ed.), *Saberes de vida: por el bienestar de las nuevas generaciones*, Bogotá: Siglo del Hombre, UNESCO.

Callon, Michel. (1986). "The sociology of an actor network. The case of the electric vehicle", en Callon, Michel, Law, John y Rip, Arie (comps.), *Mapping the dynamics of science and technology: Sociology of science in the real world,* Londres: Macmillan.

Canahua, Alipio, Tapia, Mario, Ichuta, Antonio y Cutipa, Zacarías. 2002. "Gestión del espacio agrícola y agrobiodiversidad en papa y quinua en las comunidades campesinas de Puno". En Pulgar Vidal, Manuel, Zegarra, Eduardo y Urrutia, Jaime (comps.), Sepia IX (Lima: Seminario permanente de investigación agraria; Fundación Mac Arthur Grant; Oxfam GB; Consorcio de investigación económica y social; CARE Puno).

Canziani Amico, José. (2007). "Paisajes culturales y desarrollo territorial en los Andes", *Cuadernos Arquitectura y Ciudad,* núm. 5, Lima: PUCP.

Cardozo, Armando (ed.). (1999). Censo Nacional de Llamas y Alpacas. Bolivia. La Paz: FIDA, FDC, Unidad Ejecutiva del Proyecto de Desarrollo de Criadores de *Camélidos* del Altiplano *Boliviano – UNEPCA, CAF.*

Caro Figueroa, Gregorio. (1970). *Historia de la gente decente en el norte argentino de Güemes a Patrón Costas*, Buenos Aires: Ediciones del Mar Dulce.

—. (2006). "A cuarenta años de 'Historia de la Gente Decente'", disponible en Iruya.com., <http://www.iruya.com/content/view/10819/230/>, recuperado el 1º de octubre de 2008.

Carranza, Francisco. (2003). *Diccionario quechua ancashino-castellano*, Madrid: Iberoamericana; Fráncfort del Meno: Vervuert.

Casas, Rosalba. (1991). "La biotecnología y su incidencia en los problemas ambientales en México", *Revista Mexicana de Sociología*, vol. 53, núm. 2.

Cavelier, Inés. (2006). "Perspectivas culturales y cambios en el uso del paisaje. Sabana de Bogotá, siglos XVI-XVII". *Valdez. Agricultura ancestral camellones y albarradas*, Quito: IFEA - Abya-Yala.

CEDEP. (1996). Repoblamiento de alpacas altoandinas en la Cordillera Negra del Callejón de Huaylas, de la Provincia de la Región Chavín, Lima: Centro de Estudios para el Desarrollo y la Participación.

—. CEDEP. (1997*a*). *Evaluación sobre la crianza de alpacas en la comunidad campesina Cajabamba Alta*, Lima: Centro de Estudios para el Desarrollo y la Participación.

—. CEDEP. (1997*b*). *Experiencia de repoblamiento de alpacas en la Sierra de Ancash*, Lima: Centro de Estudios para el Desarrollo y la Participación.

CEPAL. (1965). *Problemas y perspectivas de la agricultura latinoamericana*, Buenos Aires: Solar y Hachette.

Chepstow-Lusty, Alex, Bennett, Keith, Fjeldså, Jon, Kendall, Ann, Galiano, Washington y Tupayachi, Alfredo. (1997). "When two worlds collide: Comparing human impact on fragile ecosystems before and after the Inca", *Tawantinsuyu*, vol. 3.

—. (1998) "Tracing 4,000 years of environmental history in the Cuzco area, Peru, from the pollen record", *Mountain Research and Development*, vol.18, núm. 2.

Chepstow-Lusty, Alex y Jonsson, Per. (2000). "Inca agroforestry: Lessons from the past", *Ambio*, vol. 29, núm. 6.

Chepstow-Lusty, Alex, Chengyu Weng y Mark Bush. (2004). "Holocene changes of Andean alder (Alnus acuminata) in highland Ecuador and Peru", *Journal of Quaternary Science*, vol. 19, núm. 7.

Chepstow-Lusty, Alex, Frogley, Michael, Bauer, Brian, Bush, Mark y Tupaychi, Alfredo. (2003). "A late Holocene record of arid events from the Cuzco region, Peru", *Journal of Quaternary Science*, vol. 18, núm. 6.

Chepstow-Lusty, Alex y Winfield, Mark. (2000). "Inca Agroforestry: Lessons from the Past", *Ambio*, vol. 29, núm. 6.

Childe, Vere Gordon. (1960). *Progreso y Arqueología*, Buenos Aires: Editorial Dédalo.

Cierjacks, Arne. (1995). "Environmental and human influences on tropical tree-line formation: Insights from the regeneration ecology of Polylepis spp. in the Páramo de Papallacta, Ecuador". Tesis doctoral (Ph.D.), Universität Halle, Wittenberg.

Cieza de León, Pedro de. (1984). *Crónica del Perú - Primera Parte*, Lima: PUCP.

—. (2000). *La Crónica del Perú. Primera Parte*. Madrid: Dastin S.L.

Climent Sanjuán, Víctor. (1999). *Producción y crisis ecológica*, Barcelona: Universidad de Barcelona.

Cobo, Bernardo de. (1891-1893) [1653]. Historia del Nuevo Mundo (Sevilla). Revisar cita textual de Cobo (1897 [1653]) sin número de página en cap 5.

Coello, Javier. (2006). *Escuela de Kamayoq: promoviendo mercados de asistencia técnica pecuaria de campesino a campesino para el alivio de la pobreza en la sierra del Perú*, Lima: Soluciones Prácticas-ITDG.

Colajanni, Antonino. (2002). "Etnodesarrollo", en Serje, Margarita, Suaza, María Cristina y Pineda, Roberto (eds.), *Palabras para desarmar*, Bogotá: Ministerio de Cultura, Instituto Colombiano de Antropología e Historia.

Conger, Lucy. (2008). "A quest for the perfect potato", *Newsweek*, vol. 152, núm. 5, p.p. 42-43.

Conkey, Margaret y Hastorf, Christine. (1990). "Introduction", en Margaret Conkey, *The uses of style in Archaeology*, Cambridge: Cambridge University Press.

COSUDE. (2007). *Yapuchiris: ofertantes locales de servicios de asistencia técnica. Sistematización de una experiencia del Altiplano Norte*, La Paz: PROSUKO-UNAPA.

Cowen, Michael y Shenton, Robert. (1996). *Doctrines of development*, Londres y Nueva York: Routledge.

Cutcliffe, Stephen. (1990). "The STS Curriculum: What have we learned in twenty years?", *Science, Technology & Human Values*, vol. 15, núm. 3.

D'Altroy, Terence, Lorandi, Ana María, Williams, Verónica, Calderari, Milena, Hastorf, Christine, DeMarrais, Elizabeth y Hagstrum, Melissa. (2000). "Inka rule in the Northern Calchaqui Valley, Argentina", *Journal of Field Archaeology*, vol. 27, núm. 1.

D´Altroy, Terence, Williams, Verónica y Lorandi, Ana María. (2007). "The Inkas in the Southlands", en Richard Burger, Craig Morris y Ramiro Matos (eds.), *Variations in the Expression of Inka Power*, Washington D.C.: Dumbarton Oaks Research Library and Collection.

De Fontainieu, Anne Rose. (2006). "Los camellones, un campo de observación", en Valdez, Francisco, *Agricultura ancestral. Camellones y albarrada*, Quito: IFEA y Abya- Yala.

De la Torre, Carlos y Burga, Manuel (eds.). (1986). *Andenes y camellones en el Perú andino*, Lima: Consejo Nacional de Ciencia y Tecnología.

Delgado, Florencio. (2002). "Intensive agriculture and political economy of the Yaguachi chiefdom of Guayas basin, coastal Ecuador". Tesis doctoral (Ph.D.), Pittsburgh University.

—. (2006). "Organización de la producción de los camellones de la baja cuenca del Guayas durante la ocupación de los Chonos", en Valdez, Francisco (ed.), *Agricultura ancestral. Camellones y albarradas*, Quito: IFEA y Abya Yala.

Denevan, William. (1980). "Tipología de configuraciones agrícolas prehispánicas", *América Indígena*, vol. XL núm. 4.

—. (1992) "The pristine myth: the landscape of the Americas in 1492", en *Annals of the Association of American Geographers*, vol. 82.

—. (2001). *Cultivated landscapes of native Amazonia and the Andes*, Oxford y Nueva York: Oxford University Press.

—. (2006). "Una perspectiva histórica sobre el descubrimiento de Campos Elevados (Camellones) prehispánicos en Sudamérica", Valdez, Francisco, *Agricultura ancestral. Camellones y albarradas*, Quito: IFEA y Abya Yala.

Denevan, William y Mathewson, Kent. (1983). "Preliminary results of the Samborondón raised-field project, Guayas basin, Ecuador", en Darch, Janice (ed.), *Drained field agriculture in Central and South America*, Oxford: British Archaeological Reports, International Series 189.

Denevan, William, Mathewson, Kent y Knapp, Gregory. (1987). *Pre-Hispanic agricultural fields in the Andean Region*, Oxford: British Archaeological Reports, International Series 359.

Descolá, Philippe. (1994). *In the society of nature: A native ecology in Amazonia*, Nueva York: Cambridge University Press.

DGIA. (2003). Estadística agraria trimestral. Octubre-diciembre, 2002, Lima: DGIA, Ministerio de Agricultura.

Dillehay, Tom, Rossen, Jack y Netherly, Patricia. (1992). "Ocupación del Precerámico Medio en la zona alta del valle de Zaña: ¿innovación o aculturación?", en Bonavía, Duccio, *Estudios de arqueología peruana*, Lima: FOMCIENCIAS.

Dillehay, Tom, Eling, Herbert y Rossen, Jack. (2005). "Preceramic irrigation canals in the Peruvian Andes", *Proceedings of the National Academy of Science*, vol. 102, núm. 47.

Dobres, Marcia-Anne y Robb, John (eds.). (2000). "Agency in Archaeology: Paradigm or platitude?", en *Agency in Archaeology,* Londres: Routledge.

Dobres, Marcia-Anne y Hoffman, Christopher. (1999). *The social dynamics of technology: Practice, politics and world views*, Washington: Smithsonian Institution Press.

Donkin, Robert. (1970). "Pre-Columbian field implements and their distribution in the highlands of Middle and South America", *Anthropos*, vol. 65, núm. 3-4.

—. (1979). *Agricultural Terracing in the New World*, Tucson: Wenner-Gren Foundation for Anthropological Research Inc.

Dourojeanni, Marc. (2009). *Crónica forestal del Perú*. Lima: San Marcos y Universidad Nacional Agraria La Molina.

Duviols, Pierre. (1973). "Huari y Llacuaz". *Revista del Museo Nacional*, vol. 39.

Earls, John. (1982). "La coordinación de la producción en el Tawantinsuyu", en Lajo, Manuel (ed.), *Agricultura y alimentación*, Lima: PUCP.

—. (1986). "La evolución ecológica de la administración Inca", en De la Torre, Carlos y Burga, Manuel (eds.), *Andenes y camellones en el Perú andino*, Lima: Consejo Nacional de Ciencia y Tecnología.

—. (1989). *Planificación agrícola andina: bases para un manejo cibernético de sistemas de andenes*, Lima: Universidad del Pacífico y COFIDE.

—. (1998). "Aportes del conocimiento y las tecnologías andinas en el contexto de la aldea global", en Acevedo, Jorge (ed.), *Desarrollo e interculturalidad en la zona andina*, Lima: Escuela para el Desarrollo.

—. (2005). "The Andes and the evolution of coordinated environmental control", disponible en IRICS Paper, <http://www.dorfwiki.org/wiki.cgi?FrontPage/JohnEarls/IRICS__Paper> Acceso, extraído el 3 de agosto de 2006.

Earls, John y Silverblatt, Irene. (1981). "Sobre la instrumentación de la cosmología Inca en el sitio arqueológico de Moray", en Lechtman, Heather y Soldi, Ana María (eds.), *La tecnología en el mundo andino: Runakunap Kawsayninkupaq Rurasqankunaqa*, México: Universidad Nacional Autónoma de México.

Echevarría Almeida, José. (2004). "Sistema de campos elevados (*ridged fields*) en la sierra norte del Ecuador", en Restrepo, Roberto, *Saberes de vida: por el bienestar de las nuevas generaciones*, Bogotá: Siglo del Hombre y UNESCO.

Eden, Michael, Bray, Warwick, Herrera, Leonor y McEwan Colin. (1984). "Terra Preta soils and their archaeological context in the Caquetá basin of southeast Colombia", *American Antiquity*, vol. 49, núm. 1.

Eisleb, Dieter. (1987). *Altperuanische Kulturen IV Recuay*, Berlín: SMPK.

Ellenberg, Heinz. (1979). "Man's influence on tropical mountain ecosystems in South America", *Journal of Ecology*, vol. 67.

Engels, Friedrich. (1966). *Geografía Humana Prehistórica y Agricultura Precolombina de la Quebrada de Chilca*, Lima: Universidad Nacional Agraria.

—. (1975) [1884] *El origen de la familia, la propiedad privada y el Estado*, La Habana: Editorial Ciencias Sociales.

Enríquez, Porfirio, Huamani, Alcides y Mendoza, Charles. (2000). *Impacto socioeconómico de los waru waru en las familias campesinas*, Puno, Perú: PIWA y PELT.

Erickson, Clark. (1980). "Sistemas agrícolas prehispánicos en los Llanos de Mojos", *América Indígena*, vol. XL núm. 4.

—. (1986*a*). "Waru waru: una tecnología agrícola del altiplano prehistórico", en Torre y Burga, *Andenes y camellones en el Perú andino: historia, presente y futuro*, Lima: Mosca Azul y Consejo Nacional de Ciencia y Tecnología.

—. (1986*b*). "Agricultura en camellones en la cuenca del lago Titicaca: aspectos técnicos y su futuro", en Torre y Burga, *Andenes y camellones en el Perú andino: historia presente y futuro*, Lima: Consejo Nacional de Ciencia y Tecnología.

—. (1987). "The dating of Raised Field Agriculture in the Lake Titicaca basin of Peru", en Denevan, William, *Pre-Hispanic agricultural fields in the Andean Region*, Oxford: British Archaeological Reports, International Series 359.

—. (1988*a*). *Investigación arqueológica del sistema agrícola de los camellones en la cuenca del lago Titicaca del Perú*, Puno, Perú: PIWA.

—. (1988*b*). "Raised Field Agriculture in the Lake Titicaca basin: Putting ancient Andean agriculture back to work", Expedition - The University Museum, University of Pennsylvania, Philadelphia, vol. 30, núm. 3.

—. (1992). "Prehistoric landscape management in the Andean highlands: Raised Field Agriculture and its environmental impact", *Population and Environment*, vol. 13, núm. 4.

—. (1993). "The social organization of pre-Hispanic raised field agriculture in the Lake Titicaca basin", *Research in Economic Anthropology*. Supplement 7 - Economic aspects of water management in the pre-Hispanic New World.

—. (1996). *Investigación arqueológica del sistema agrícola de los camellones en la cuenca del lago Titicaca del Perú*, La Paz: Centro de Información para el Desarrollo/Programa Interinstitucional de Waru Waru [PIWA].

—. (1998). "Applied Archaeology and Rural Development: Archaeology's Potential Contribution to the Future", en Whiteford, Michael y Whiteford, Linda, *Crossing currents: Continuity and change in Latin America*, Upper Saddle, NJ: Prentice-Hall.

—. (1999). "Neo-environmental determinism and agrarian collapse in Andean prehistory", *Antiquity*, vol. 73, núm. 281.

—. (2000). "The Lake Titicaca basin. A Precolumbian built landscape", en Lentz, David (ed.), *Imperfect balance landscape transformations in the pre-Columbian Americas*, Nueva York: Columbia University Press.

—. (2003). "Agricultural landscapes as world heritage: Raised Field Agriculture in Bolivia and Peru", en Teutónico, Jeanne Marie y Matero, Frank (eds.), *Managing change: Sustainable approaches to the conservation of the built environment*, Los Ángeles: Getty Conservation Institute.

—. (2006*a*). "El valor actual de los camellones de cultivo precolombinos: experiencias del Perú y Bolivia", en Valdez, Francisco (ed.), *Agricultura ancestral. Camellones y albarradas,* Lima: Ediciones Abya-Yala, IFEA, IRD, Banco Central del Ecuador, INPC, CNRS, Embajada de Francia en Ecuador y Universidad de París I.

—. (2006*b*). "Intensification, political economy, and the Farming Community. In defense of a bottom-up perspective of the past", en Marcus, Joyce y Stanish, Charles, Agricultural Strategies, Los Ángeles: Cotsen Institute.

—. (s. f.). *Investigación arqueológica del sistema agrícola de los camellones en la cuenca del lago Titicaca del Perú,* Puno: Centro de Información para el Desarrollo [CID]/Proyecto Interinstitucional de los Waru Waru [PIWA].

Erickson, Clark y Balée, William (eds.). (2006). *Time and complexity in historical ecology: Studies in the Neotropical Lowlands,* Nueva York: Columbia University Press.

Erickson, Clark y Chandler, Kay. (1989). "Raised Fields and sustainable agriculture in the Lake Titicaca basin", en Browder, Fragile lands of Latin America: Strategies for sustainable development, Boulder: Westview Press.

Escobar, Arturo. (1995). La invención del Tercer Mundo: construcción y deconstrucción del desarrollo, Barcelona: Grupo Editorial Norma.

—. (1997). "Antropología y desarrollo", *Revista Internacional de Ciencias Sociales,* 154.

Esteva, Gustavo. (1992). "Development", en Sachs, Wolfgang (ed.), *The development dictionary: A guide to knowledge as power*, Londres y Nueva Jersey: Zed Books.

Expreso. (2007). "El río Guayas: miradas profundas". fecha??

Fairfield, Tasha. (2008). "La política del sector pecuario y los pobres del medio rural en Perú", en *Vivir del ganado. Iniciativas de políticas pecuarias en favor de los pobres*, disponible en <http://www.fao.org/ag/againfo/projects/en/pplpi/docarc/wp32.pdf>, recuperado el 2 de mayo de 2008.

FAO. (2004). *Perú: Primer Informe Nacional sobre la situación de los recursos zoogenéticos*, Lima: Instituto Nacional de Investigación y Extensión Agraria [INIA].

Farrington, Ian S. (1980). "The Archaeology of Irrigation Canals with special reference to Peru", en *World Archaeology (Londres)*, vol. 11, núm. 3.

Fjeldså, Jon. (2002). "Polylepis forests. Vestiges of a vanishing ecosystem in the Andes", *Ecotrópica*, vol. 8, núm. 2.

Fjeldså, Jon y Kessler, Michael. (1996). *Conserving the biological diversity of Polylepis woodlands of the highland of Peru and Bolivia. A contribution to sustainable natural resource management in the Andes*, Copenhage: NORDECO.

Flannery, Kent, Marcus, Joyce y Reynolds, Robert. (1989). *The flocks of the Wamani. A study of Lama herders on the punas of Ayacucho, Peru*, San Diego: Academic Press.

Flores Ochoa, Jorge A. (1977). *Pastores de Puna: Uywamichiq Punarunakuna*, Lima: IEP.

—. (1982). "Causas que originaron la actual distribución de las alpacas y llamas", en Millones, Luis y Tomoeda, Hiroyasu (eds.), *El hombre y su ambiente en los Andes centrales*, Senri Ethnological Studies, Osaka, vol. 10.

Flores Ochoa, Jorge, Paz, Magno. (1986). "La agricultura en lagunas (qocha)", en De la Torre, Carlos y Burga, Manuel (eds.), *Andenes y camellones en el Perú andino*, Lima: Consejo Nacional de Ciencia y Tecnología.

Flores Ochoa, Jorge, Paz, Magno y Rozas, Washington. (1996). "Un (re)descubrimiento reciente: la agricultura en lagunas temporales (qocha) en el Altiplano", en Morlon, *Comprender la agricultura campesina en los Andes centrales, Perú-Bolivia*, Lima: IFEA y CBC.

Fonseca, César y Mayer, Enrique. (1979). Sistemas agrarios cañete.

Freisem, Claudia. (1998). "Vorspanische Speicherbecken in den Anden: Eine Komponente der Bewirtschaftung von Einzugsgebieten das beispiel Nepeñatal", Tesis de Diplomado (Dipl. Ing), Technische Universitat, Berlin.

Fresco, Antonio. (2003). "Manejo del agua en el antiguo Ecuador", *Revista Española de Antropología Americana*, vol. extraordinario.

Fried, Morton. (1967). *The Evolution of Political Society: An Essay in Political Anthropology*, Nueva York: Random House.

Fuller, Steve y James H. Collier. (2004). Philosophy, Rhetoric, and the End of Knowledge (2nd ed.). The Coming of Science and Technology Studies. Lawrence Erlbaum Associates, LUGAR ?.

Fundación AGRECOL Andes y PROSUKO. (2006). *Estrategias locales para la gestión del riesgo*, Cochabamba: COSUDE.

Gade, Daniel. (1992). "Landscape, system and identity in the post-conquest Andes", *Annals of the Association of American Geographers*, vol. 82, núm. 3.

—. (1999*a*). "Deforestation and Reforestation in the Central Andean highlands", en Gade, Daniel (ed.), *Nature and culture in the Andes*, Madison, Wisconsin: University of Wisconsin Press.

—. (1999*b*). *Nature and culture in the Andes*, Madison, Wisconsin: University of Wisconsin Press.

Galeano, Eduardo. (1994) [1971]. *Las venas abiertas de América Latina*, México: Siglo XXI y EAN.

Garaycochea, Ignacio, Ramos, Claudio y Morlon, Pierre. (1996). "Infraestructuras agrícolas: ¿vestigios del pesado o técnicas del futuro? La arqueología aplicada al desarrollo: la reconstrucción de camellones precolombinos en el Altiplano", en Morlon, Pierre, *Comprender la agricultura campesina en los Andes centrales*, Lima: IFEA y CBC.

Garcilaso de la Vega, El Inca. (2002) (1604). *Comentarios Reales de los Incas*, Madrid: Agencia Española de Cooperación Internacional.

Gassón, Rafael y Rey, Juan Carlos. (2006). "Cacicazgos cíclicos e intensificación agrícola en los Llanos Occidentales de Venezuela", en Valdez, Francisco (ed.), *Agricultura ancestral camellones y albarradas*, Quito: Ediciones Abya-Yala.

Gelles, Paul. (2002). *Agua y poder en la sierra peruana. La historia y política cultural del riego, rito y desarrollo*, Lima: PUCP.

Godelier, Maurice. (1998). *El enigma del don*, Barcelona: Paidós.

Goebel, Bárbara. (2002). "La arquitectura del pastoreo: uso del espacio y sistemas de asentamiento en la Puna de Atacama (Susques)", *Estudios Atacameños*, núm. 23.

Golte, Jürgen. (1980*a*). *La racionalidad de la Organización Andina*, Lima: IEP.

—. (1980*b*). "Notas sobre la agricultura de riego en la costa Peruana", *Allpanchis*, vol. 14, núm. 15.

Gondard, Pierre. (2006). "Campos elevados en llanuras húmedas. Del modelado al paisaje: Camellones, waru warus o pijales", en Valdez, Francisco (ed.) *Agricultura ancestral camellones y albarradas*, Quito: Ediciones Abya-Yala.

Gondard, Pierre y López, Freddy. (1983). "Inventario arqueológico preliminar de los Andes septentrionales del Ecuador", Otavalo y Quito: Ministerio de Agricultura y Ganadería, PRONAREG, ORSTOM y Editorial Gallo Capitán.

González Carré, Enrique y del Águila, Carlos (eds.). (2005). *Arqueología y Sociedad. Luis Guillermo Lumbreras*, Lima: IEP, MNAAHP e INDEA.

González Turu, Emilio y Vitry, Christian. (2006). *Nevado de Chañi, Salta:* Museo Arqueológico de Cachi.

Gonzales de Olarte, Efraín y Trivelli, Carolina. (1999). *Andenes y desarrollo sustentable*, Lima: IEP/CONDESAN.

GPS (Gobierno Provincial de Salta) 2008, en http://www.turismosalta.gov.ar,

Gosden, Chris. (2004). *Archaeology and colonialism: Cultural contact from 5000 BC to the present*, Cambridge: Cambridge University Press.

Gose, Peter. (1993). "Segmentary state formation and the ritual control of water under the incas", *Comparative Studies in Society and History*, vol. 35, núm. 3.

Grados, Nora y Cruz, Gastón. (1996). "New approaches to the industrialization of Algarrobo (Prosopis pallida) Pods in Peru", en Felker, Peter y Moss, James (eds.), *Prosopis: Semiarid fuelwood and forage tree. Building consensus for the disenfranchised*, Kingsville: Centrer for Semi-Arid Forest Resources.

Grieder, Terence y Bueno, Alberto. (1988). *La Galgada: A Preceramic culture in transition*, Texas: University of Texas Press.

Guerrero Barrantes, Juan. (2005). *Soil degradation: Erosion and salinity of Peru. Final Report*, Washington D.C.: World Bank.

Gutiérrez, Raymundo. (2008). *Papas nativas desafiando al cambio climático*, Lima: Soluciones Prácticas-ITDG.

Haas, Jonathan y Dillon, Michael (eds.). (2003). "El Niño in Peru: Biology and culture over 10,000 years", *Fieldiana Botany*, vol. 43.

Haas, Jonathan, Winifred, Creamer y Ruiz, Álvaro. (2004). "Dating the Late Archaic Occupation in the Norte Chico Region, Peru", *Nature*, núm. 432.

Hansen, Bárbara, Seltzer, Geoffrey y Wright, Henry. (1994). "Late Quaternary vegetational change in the central Peruvian Andes", *Palaeogeography, Palaeoclimatology, Palaeoecology*, vol. 109, núm. 2.

Harnecker, Marta. (1997). *Los conceptos elementales del materialismo histórico*, México D.C.: Siglo Veintiuno Editores.

Harris, David R. (ed.). (1992). *The Archaeology of V. Gordon Childe: Contemporany perspectives*, Londres: Institute of Archaeology, University College London.

Hastorf, Christine. (1993). *Agriculture and the Onset of Political Inequality before the Inca*, Cambridge: Cambridge University Press.

Henestrosa, Juan de. (1965) [1582]. "La descripción que se hizo en la provincia de Xauxa por la instrucción de S. M. que a la dicha provincia se invió de molde", en Jiménez de la Espada, Marcos (ed.), *Relaciones Geográficas de Indias – Perú*, tomo I, Madrid: Ediciones Atlas.

Herrera, Alexander. (1998). "Die Veränderung vorspanischer Siedlungsstrategien im südlichen Yanamayobecken, Callejón de Conchucos, Peru". Tesis de Magister (M.A.), Freie Universität Berlin, Berlín.

—. (2000). Proyecto de Investigación Arqueológico Paurarku. Informe Preliminar Temporada de Campo 1999, Lima: Instituto Nacional de Cultura.

—. (2005*a*). "La serpiente de Oro y los Inkas: ocupación Inka en el Alto Marañón y el puerto balsero de Pogtán", *Boletín de Arqueología PUCP (Lima)*, vol. 7.

—. (2005). Territory and identity in the pre-Columbian Andes of Northern Peru. Tesis doctoral (Ph.D.), University of Cambridge.

—. (2007). "Social landscapes and community identity: The social organization of space in the north-central Andes of Peru", en Kohring, Sheila y Wynne-Jones, Stephanie (eds.), *Defining social complexity: Approaches to power and interaction in the archaeological record*, Oxford Malden: Oxbow.

—. (En preparación). Informe final de labores del Proyecto de Investigación Arqueológico Wanduy, temporada 2008, Lima, Instituto Nacional de Cultura.

Herrera, Alexander y Lane, Kevin. (2006). "¿Que hacen aquí esos pishtaku?", *Antípoda Revista de Antropología y Arqueología*, vol. 1, núm. 1.

Herrera, Alexander, Janin, Sylvere y Ramel, Jean Marie. (2009). The hydrology of ancient Peruvian terracing: the case of Awkismarka /Pueblo Viejo de Huandoy. Report presented for the Proyecto de Investigación Arqueológica Wanduy. Universidad de los Andes, Bogotá.

Herrera, Luisa. (2006). "Paeleoecología en la depresión momposina 21.000 años de cambios ambientales", en Valdez, Francisco (ed.), *Agricultura ancestral camellones y albarradas*, Quito: Ediciones Abya-Yala.

Hoffmann, Dirk. (2007). "The Sajama National Park in Bolivia", *Mountain Research and Development*, vol. 27, núm. 1.

Hollowell, July y Nicholas, George. (2008). "Intellectual Property Issues in Archaeological Publication: Some Questions to Consider", *Archaeologies*, vol. 4, núm. 2.

Hornborg, Alf. (1992). "Machine fetichism, value, and the image of unlimited good: Towards a thermodynamics of imperialism", *Man*, vol. 27, núm. 1.

Ingold, Tim. (1997). "Eight themes in the Anthropology of Technology", *Social Analysis*, vol. 40, núm. 1.

INRENA. (1996). *Estrategia Nacional para la Conservación de Humedales en el Perú*, Lima: Ministerio de Agricultura.

Izumi, Seiichi y Sono, Toshihiko. (1963). *Andes 2 Excavations at Kotosh, Peru, 1960*, Tokio: University of Tokyo Press.

Janusek, John y Alan Kolata. (2004). "Top-down or bottom-up: Rural settlement and raised field agriculture in the Lake Titicaca basin, Bolivia", *Journal of Anthropological Archaeology*, vol. 23, núm. 4.

Kaulicke, Peter. (1994). *Los orígenes de la civilización andina. Arqueología del Perú*, Lima: Editorial Brasa S. A.

Kendall, Ann. (1997). *Restauración de sistemas agrícolas prehispánicos en la sierra sur, Perú*, Cusco: Cusichaca Trust.

—. (2005). "Applied archaeology: revitalizing indigenous agricultural technology within an Andean community", *Public Archaeology*, vol. IV.

Kinzl, Hans y Schneider, Erwin. (1950). *Cordillera Blanca (Peru)*, Innsbruck: Universitäts-Verlag Wagner.

Knapp, Gregory. (1988). *Ecología cultural prehispánica del Ecuador*, Quito: Banco Central del Ecuador.

—. (1991). *Andean Ecology. Adaptive Dynamics in Ecuador*, Boulder, S. Francisco, Oxford: Westview Press.

Knapp, Gregory y Denevan, William. (1985). "The use of wetlands in the Prehistoric economy of the Northern Ecuadorian highlands", en Farrington, Ian (ed.), *Prehistoric intensive agriculture in the tropics*, Oxford: BAR International Series.

Knapp, Gregory y Mothes, Patricia. (1998). "Quilotoa Ash and Human Setllement in the Equatorial Andes", en Mothes, Patricia (ed.), *Actividad volcánica y pueblos precolombinos en el Ecuador*, Quito: Abya-Yala.

Knapp, Gregory y Ryder, Roy. (1983). "Aspects of the origin, morphology and function of ridged fields in the Quito Altiplano", en Darch, Janice (ed.), *Drained field agriculture in Central and South America*, Oxford: British Archaeological Reports, International Series 189.

Kohl, Philip. (1981). "Materialist Approaches in Prehistory", en *Annual Review of Anthropology*, vol. 10.

Kolata, Alan. (1993). *The Tiwanaku: Portrait of an Andean civilization*, Londres: Blackwell Publishers.

—. (1996). *Tiwanaku and its hinterland: Agroecology. Archaeology & Paleoecology of an Andean civilization,* Washington D.C.: Smithsonian Institution Press.

Koschmieder, Klaus. (2004). "Siedlungsweise und Subsistenzstrategien an der südlichen Peripherie des Chimú-Imperiums, Perú.", Ph.D., Freie Universität Berlin.

Kosok, Paul. (1965). *Land, Life and Water in Ancient Peru*, New York: Long Island University Press.

Kuznar, Lawrence. (1995). *Awatimarka: The Ethnology of an Andean Herding Community*, Orlando: Harcourt Brace College Publishers.

Lane, Kevin. (2000). "Between Páramo and Puna: Evaluating models of camelid exploitation in north-central Peru". Tesis de maestría (M.Phil.), Department of Archaeology Cambridge, University of Cambridge.

—. (2005). "Engineering the Puna: The hydraulics of agro-pastoral communities in a north-central Peruvian valley". Tesis doctoral (Ph.D.), University of Cambridge.

—. (2006). "Through the looking glass: Re-assessing the role of agro-pastoralism in the north-central Andean highlands", *World Archaeology*, vol. 38, núm. 3.

—. (2007). Manejo del agua en la quebrada Las Arcas. Informe preliminary, Manchester: University of Manchester. Manuscrito.

—. (2009). "Engineered highlands: The social organisation of water in the ancient North-central Andes (AD 1000-1480)", *World Archaeology,* vol. 41.

Lane, Kevin y Contreras, Gabriela. (2007). "An Inka administrative site in the Ancash highlands, North Central Andes", *Past*, núm. 56.

Lane, Kevin y Herrera, Alexander. (2005). "Archaeology, landscapes and dreams: Science, sacred offerings, and the practice of Archaeology", *Archaeological Review from Cambridge*, vol. 20, núm. 1.

Lane, Kevin, Herrera, Alexander y Grimaldo, Claudia. (2004). Proyecto de Investigación Arqueológico Paurarku. Informe Preliminar de Labores Temporada de Campo 2002-3, Lima: Instituto Nacional de Cultura.

Latour, Bruno. (1996). *Aramis or the Love of Technology*, Cambridge MA: Harvard University Press.

—. (2005). *Reassembling the Social,* Oxford: Oxford University Press.

Lau, George. (2002). "Feasting and ancestor veneration at Chinchawas, North highlands of Ancash, Peru", *Latin American Antiquity*, vol. 13.

Lavallée, Danièle, Michèle Julien, Jane Wheeler y Claudine Karlin. (1995). *Telarmachay. Cazadores y pastores prehistóricos en los Andes,* Lima: Instituto Francés de Estudios Andinos.

Lemonnier, Pierre. (1993). "Introduction", en Lemonnier, Pierre, *Technological choices: Transformation in material cultures since the Neolithic,* Londres: Routledge.

Lima Tórrez, María del Pilar. (2003). "Participación comunitaria, desarrollo sostenible y arqueología: el caso de Quila Quila (Chuquisaca, Bolivia)", en *Chungara, Revista de Antropología Chilena,* vol. 35, núm. 2.

Lima, Hedinaldo, Schaefer, Carlos, Mello, Jaime, Gilkes, Robert, Ker, João. (2002). "Pedogenesis and pre-Colombian land use of "Terra Preta Anthrosols" ("Indian black earth") of Western Amazonia", en *Geoderma*, vol. 110, núm. 1-2.

Lumbreras, Luis. (1974). *La arqueología como ciencia social,* La Habana: Casa de las Américas.

Luteyn, James. (1992). "Páramos: Why study them?", en Balslev, Henrik y Luteyn, James (eds.), *Páramo: An Andean ecosystem under human influence,* Londres: Academic Press.

Luteyn, James y Churchill, Steven. (2000). "Vegetation of the tropical Andes: an overview", en Lentz, *Imperfect Balance: Landscape Transformations in the pre-Columbian America,* New York: Columbia University Press.

Lynch, Thomas. (1971). "Preceramic transhumance in the Callejón de Huaylas, Peru", en *American Antiquity*, vol. 36.

—. (1980). Guitarrero Cave: early man in the Andes, New York, Academic Press.

—. (1983). "Camelid pastoralism and the emergence of Tiwanaku civilization in the south central Andes", *World Archaeology*, vol. 15.

MacNeish, Richard. (1969). *First Annual Report of the Ayacucho Archaeological-Botanical Project,* Massachusetts: The National Science Foundation.

Mamani Condori, (1996). "History and prehistory in Bolivia: What about the Indians?", en: Preucel, Robert y Hodder, Ian. (eds.), *Contemporary Archaeology in Theory,* Oxford: Blackwell.

Manzanilla, Linda (ed.). (1987). *Studies in the Neolithic and urban revolutions. The V. Gordon Childe Colloquium, Mexico 1986*, Oxford: BAR International Series.

Marcos, Jorge. (s. f.) [1981]. Proyecto arqueológico y etnobotánico Peñón del Río. Informe Preliminar y Planteamiento de Continuación, ESPOL: Guayaquil.

—. (1995). *Cultura y medio ambiente en el área andina septentrional*, Quito: Abya-Yala.

—. (2000). *Arqueología de la antigua provincia de Manabí / The archaeology of the ancient province of Manabi*, Quito: Banco Central del Ecuador y CEAA-ESPOL.

—. (2003). "La investigacion interdisciplinaria como método de análisis de los procesos de producción en las sociedades precolombinas", *Revista Española de Antropología Americana*, vol. extraordinario.

—. (ed.). (2004). *Las albarradas en la costa del Ecuador: rescate del conocimiento ancestral del manejo sostenible de la biodiversidad*, Guayaquil: CEAA-ESPOL.

—. (2005). *Los pueblos navegantes del Ecuador prehispánico*, Quito y Guayaquil: Abya-Yala y ESPOL.

—. (2006). *Los 10.000 años del antiguo Ecuador. La historia de los pueblos a través de su arte y su ciencia*, Guayaquil: Museo Antropológico y de Arte Contemporáneo.

Marcos, Jorge y Bazurco, Martin. (2006). "Los camellones, un campo de observación", en Francisco Valdez (ed.), *Agricultura Ancestral. Camellones y Albarradas*, Quito: IFEA y Abya Yala.

MARENASS, (2005), "Capacidades y Experiencias Campesinas, Respuesta a las Motivaciones", informe final 1997 – 2005, Abancay: MARENASS.

Masson, Luis. (1986). "Rehabilitación de andenes de la comunidad de San Pedro de Casta, Lima", en De la Torre, Carlos y Burga, Manuel (eds.), *Andenes y camellones en el Perú andino*, Lima: Consejo Nacional de Ciencia y Tecnología.

Masson, Luis, Morales, Carmen Felipe y Morlon, Pierre. (1996). "Infraestructuras agrícolas: ¿vestigios del pasado o técnicas del futuro? La rehabilitación de andenes", en Morlon, Pierre (ed.), *Comprender la agricultura campesina en los Andes centrales. Perú-Bolivia*, Lima: IFEA y CBC.

Matthew, P. J. (2005). "Energetic efficiency and political expediency in Titicaca basin raised field agriculture", *Journal of Anthropological Archaeology*, vol. 24.

Mathewson, Kent. (1987). "Landscape, change and cultural persistence in the Guayas Wetlands, Ecuador". Tesis doctoral (Ph.D), University of Wisconsin.

Mauss, Marcel. (1970). *The gift: forms and functions of exchange in archaic societies*, Londres: Cohen & West.

—. (1972). *Sociedad y Ciencias Sociales. Obras completas*, vol. 3, Barcelona: Barral Editores.

Mayer, Enrique y Fonseca, César. (1979). *Sistemas agrarios en la cuenca del rio Cañete (Departamento de Lima)*, Lima: Oficina Nacional de Evaluación de Recursos Naturales [ONERN].

Mejía Xesspe, Toribio. (1957). "Chullpas precolombinas en el área Andina", *Revista de la Universidad de La Plata*, núm. 2.

Mercurio, El. (2005). "Preocupa sedimentación del Guayas". Fecha??

Misa, Thomas, Brey, Philip y Freenberg, Andrew (eds.). (2003). *Modernity and technology*, Cambridge, MA, y Londres: The MIT Press.

Moore, Jerry. (1988). "Prehistoric raised field agriculture in the Casma Valley, Peru", *Journal of Field Archaeology*, vol. 15, p.p. 265-276.

Morcote-Ríos, Gaspar, Becerra, Gabriel, Mahecha, Dany, Franky, Carlos y Cavelier, Inés. (1998). "Las palmas entre los grupos cazadores-recolectores de la Amazonía colombiana", *Caldasia (Bogotá)*, vol. 20, núm. 1.

Morlon, Pierre (ed.). (1996). *Comprender la agricultura campesina en los Andes centrales. Perú-Bolivia*, Lima: IFEA y CBC.

Morlon, Pierre; Orlove, Benjamin y Hibon, Albéric. (1982). *Tecnologías agrícolas tradicionales en los Andes centrales. Perspectivas para el desarrollo*, Lima: COFIDE, PNUD y UNESCO.

Moseley, Michael. (1975). *The maritime foundations of Andean civilization*, Menlo Park, CA: Cummings Publishing Company.

—. (1992). "Maritime foundations and multilinear evolution: Retrospect and prospect", *Andean Past*, vol. 3.

Mujica, Elías. (1985). "Altiplano-Coast Relationships in the South-Central Andes: From Indirect to Direct Complementarity", en Masuda, Shozo, Shimada, Izumi y Morris, Craig (eds.), *Andean Ecology and Civilization: An Interdisciplinary Perspective on Andean Ecological Complementarity*, Tokio: University of Tokyo Press, p.p. 103-140.

—. (1997). "Los andenes de Puno en el contexto del proceso histórico de la cuenca norte del Titicaca", en *Conservación y abandono de andenes*, Lima: Universidad Nacional Agraria La Molina.

Murra, John V. (1962). "Cloth and its function in the Inca state", *American Anthropologist*, vol. 64, p.p. 710-728.

—. (1972). "El Control Vertical de un Máximo de Pisos Ecológicos en la Economía de las Sociedades Andinas", en Murra, John Víctor (ed.), *Visita a la Provincia de León de Huánuco*, vol. 2, Huánuco: Universidad Nacional Hermilio Valdizán.

—. (1978). "Los Límites y Limitaciones del "Archipiélago Vertical" en los Andes", en *Avances*, vol. 1.

—. (1985). "El Archipiélago Vertical", en Masuda, S., Shimada, I. Morris, C., *Andean Ecology and Civilization: An Interdisciplinary Perspective on Andean Ecological Complementarity*, Tokio: University of Tokyo Press.

Muse, Michael y Quintero, Fausto. (1987). *Experiencias de rehabilitación de campos elevados. Peñón del Río, Ecuador*, Oxford: British Archaeological Reports, International Series 359.

Navarrete, Rodrigo. (2006). "El gato se muerde la cola. Comentario desde Venezuela sobre el desarrollo teórico y metodológico de la arqueología latinoamericana", en *Arqueología Suramericana*, vol. 2, núm. 2.

Netherly, Patricia. (1984). "The management of late andean irrigation systems on the north coast of Perú", *American Antiquity*, vol. 49, núm. 2.

Nicholas, George y Bannister, Kelly. (2004). "Copyrighting the past? Emerging intellectual property rights issues in archaeology", *Current Anthropology*, vol. 45, núm. 3.

Nielsen, Axel, Calcina, Justino y Quispe, Bernardino. (2003). "Arqueología, turismo y comunidades originarias: una experiencia en Nor Lípez (Potosí, Bolivia)", *Chungara, Revista de Antropología Chilena*, vol. 35, núm. 2.

Niles, Susan. (1999). *The shape of Inca history: Narrative and architecture in an Andean empire*, Iowa: University of Iowa Press.

ONU. (1998). Protocolo de Kyoto de la Convención Marco de las Naciones Unidas sobre Cambio Climático: 25.

—. (2005). "Documento Final de la Cumbre Mundial" Nueva York.

Oscanoa, Luis, Vega, Victor y Orellana, Miguel. (1997). "Repoblamiento de alpacas y llamas en el ecosistema pastizal de la Región Chavín". Estrategias para la conservación y desarrollo de páramos y punas (CDPP), Lima: CONDESAN.

Pachacuti Yamqui Salcamaygua, Joan de Santa Cruz. (1993) [1613]. Relación de antigüedades deste reyno del Piru. Lima y Cusco: CBC.

Palacios Ríos, Félix. (1977). "Pastizales de regadío para alpacas", en Flores Ochoa, Jorge (ed.), *Pastores de Puna: Uywamichiq Punarunakuna*, Lima: IEP.

—. (1981). "Tecnología del Pastoreo", en Lechtman, Heather y Soldi, Ana María (eds.), *La tecnología en el mundo andino: Runakunap Kawsayninkupaq Rurasqankunaqa*, México: Universidad Nacional Autónoma de México.

—. (1996). "Pastizales de regadío para alpacas en la puna alta (El ejemplo de Chichillapi)", en Morlon, Pierre (ed.), *Comprender la agricultura campesina en los Andes Centrales: Perú-Bolivia.*

Parsons, James. (1969). "Ridged fields in the Rio Guayas basin, Ecuador", *American Antiquity*, vol. 34, núm.1.

Parsons, Jeffrey, Hastings, Charles y Matos, Ramiro. (1997). "Rebuilding the State in highland Peru: Herder-cultivator interaction during the Late Intermediate Period in the Tarama-Chinchaycocha region", *Latin American Antiquity*, vol. 8, núm. 4.

—. (2000). Prehispanic settlement patterns in the Upper Mantaro and Tarma drainages, Junín, Peru: The Tarama-Chinchaycocha region. Part 1-2. Memoirs of the Museum of Anthropology, 34 (Ann Arbor: University of Michigan, Museum of Anthropology).

Patiño Castaño, Diógenes. (1999). "Agricultura Prehispánica y sociedades complejas en Tumaco, Colombia", en *Arqueología del Área Intermedia*, vol. 1.

—. (2003). *Tumaco Prehispánico: Asentamiento, subsistencia e intercambio en la Costa Pacífica de Colombia*, Popayán: Editorial Universidad del Cauca.

—. (2006). "Campos Prehispánicos elevados en la economía Tumaco-Tolita, Costa Pacífica de Colombia", en Valdez, *Agricultura ancestral camellones y albarradas*, Quito: IFEA - Abya-Yala.

Patterson, Thomas. (1984). "Social archaeology in Latin America: An appreciation", *American Antiquity*, vol. 59, núm. 3.

Pfaffenberger, Bryan. (1988). "Fetishized objects and humanized nature: Towards an anthropology of technology", *Journal of the Royal Anthropological Society, Man*, vol. 23.

—. (1992*a*). "Social anthropology of technology", *Annual Reviews of Anthropology*, vol. 21.

—. (1992*b*). "Technological dramas", *Science, Technology & Human Values*, vol. 17, núm. 3.

Piperno, Doris y Pearsall, Deborah. (1998). *The origins of agriculture in the lowland neotropics*, San Diego: Academic Press.

PIWA (ed.). (1992). *Avances de investigación sobre la tecnología de waru waru*, Puno: PELT/INADE e IC/COTESU.

—. (1994). *Microclimatología en el agroecosistema de waru waru. Avances de investigación*, Puno: INADE, PELT y COTESU.

—. (1996). *Efectos de los incentivos en las posibilidades de adopción de la tecnología waru waru*, Puno: PIWA y PELT.

—. (1999). *Perspectiva de género en la extensión de la tecnología waru waru*, Puno, Perú: PIWA y PELT.

—. (2000*a*). *Evaluación agroeconómica comparativa de la producción agrícola en waru waru y pampa en un ciclo productivo*, Puno: INADE/PELT y COSUDE.

—. (2000*b*). *Investigaciones agroeconómicas en la tecnología waru waru*, Puno: INADE/PELT y COSUDE.

—. (2001). Tecnología waru waru en el altiplano de Puno - Perú. Propuesta técnica. Programa Interinstitucional de waru waru, Puno: INADE/PELT y COSUDE.

Plazas, Clemencia, Falchetti, Ana María, Sáenz, Juanita y Archila, Sonia. (1993). *La sociedad hidráulica Zenú. Estudio arqueológico de 2000 años de historia en las llanuras del Caribe colombiano,* Bogotá: Banco de la República.

Polanyi, Karl. (2003). *La gran transformación. Los orígenes políticos y económicos de nuestro tiempo*, México: Fondo de Cultura de Económica.

Politis, Gustavo. (2003). "The theoretical landscape and the methodological development of archaeology in Latin America", *Latin American Antiquity*, vol. 14, núm. 2.

Porras Barrenechea, Raúl. (1963). *Fuentes históricas peruanas. Apuntes de un curso universitario*, Lima: Instituto Raúl Porras Barrenechea y Universidad Nacional Mayor de San Marcos.

Pozorski, Thomas, Carol J. Mackey y Alexandra M. Ulana Klymyshyn (1983). "Pre-Hispanic ridged fields of the Casma Valley, Peru", en *The Geographical Review*, vol. 73, p.p. 407-416.

Prialé, Miguel. (2005). Política y estrategia de riego en el Perú. Taller Irrigación y desarrollo rural en el Cono Sur: desafíos y oportunidades (Santa Cruz de la Sierra: Comisión Técnica Multisectorial. Ministerios de Agricultura, Vivienda, Economía y Finanzas y Junta Nacional de Usuarios).

PromPerú. (2005). Guía turística huellas al pasado. Trekking pre-incaico de Olleros a Chavín, Lima: Proyecto PromPerú y Unión Europea.

Pulido, Víctor. (s.f.). "El balsar de Huanchaco", disponible en www.ramsar.org/doc/cop7/cop7181cs16.doc, recuperado *el 10 de octubre 2009.*

Quilter, Jeffrey. (1989). *Life and death at La Paloma: Society and mortuary practices in a preceramic Peruvian village*, Iowa City: University of Iowa Press.

RBGK. (2008). "Restauración de hábitat y uso sostenible de los bosques secos del sur del Perú", disponible en <http://www.kew.org/scihort/tropamerica/peru/huarango.htm>, recuperado el 26 de mayo de 2008.

Regal Matienzo, Alberto. (2005) [1970]. *Los trabajos hidráulicos del Inca en el antiguo Perú*, Lima: Instituto Nacional de Cultura de Perú.

Reichel-Dolmatoff, Gerardo y Alicia Reichel-Dolmatoff. (1974). "Un sistema de agricultura prehispánica en los Llanos Orientales", en *Revista Colombiana de Antropología*, vol. 17.

Restrepo, Roberto (ed.). (2004). *Saberes de vida: por el bienestar de las nuevas generaciones*, Bogotá: Siglo del Hombre y UNESCO.

Rick, John. (1983). *Cronología, Clima y Subsistencia en el Precerámico Peruano*, Lima: INDEA.

Rodríguez, Abelardo y Hervé, Dominique. (2001). "Comentario del libro Andenes y desarrollo sustentable" de Gonzales de Olarte, Efraín y Carolina Trivelli (1999). IEP y CONDESAN, disponible en <http://www.condesan.org/memoria/SOWA0301.pdf>, recuperado el 3 de noviembre de 2006.

Rodríguez, Abelardo y Kendall, Ann. (2001). Restauración agrícola en los Andes: aspectos socio-económicos de la rehabilitación de terrazas en regiones semi-áridas. II Encuentro sobre Historia y Medio Ambiente. Huesca: Instituto de Estudios Altoaragoneses.

Rojas Mora, Sneider y Fernando Montejo Manejo del espacio y aprovechamiento de recursos en la depresión momposina. Bajo río San Jorge. En Valdez, Agricultura ancestral. Camellones y albarradas (Quito: IFEA y Abya-Yala). 81-108.

Rostain, Stéphen. (1991). *Les champs surélevés amérindiens de la Guyane*, Paris: ORSTOM/ Institut Français de Recherche Scientifique pour le Développement en Coopération.

Rostworowski, María. (1981). *Recursos naturales renovables y pesca, siglos XVI y XVII*, Lima: IEP.

—. (1988). "*Conflicts over coca fields in XVIth-Century Peru*", *Studies in Latin American Ethnohistory and Archaeology*, vol. 4, Ann Arbor: University of Michigan.

—. (1989). *Historia del Tawantinsuyu*, Lima: IEP.

Rowe, John. (1946). Inka Culture at the time of the Spanish Conquest, en Julian Steward, (ed.), *Handbook of South American Indians*, vol. II, Washington D.C.: Bureau of American Ethnology.

Ruiz, Álvaro, Creamer, Winifred y Haas, Jonathan. (2007). *Investigaciones arqueológicas en los sitios del Arcaico Tardío (3000 a 1800 años a. C.) del valle de Pativilca, Perú*, Barranca: Instituto Cultural del Norte Chico.

Sachs, Wolfgang (ed.). (1991). *The development dictionary: A guide to knowledge as power*, Londres y Nueva Jersey: Zed Books.

Sackett, James. (1977). "The meaning of style in archaeology: A general model", *American Antiquity*, vol. 42, núm. 3.

Salomon, Frank. (1985). "The dynamic potential of the complementarity concept", en Masuda, Shozo, Shimada, Izumi, Morris, Craig Andean, *Ecology and Civilization: An*

Interdisciplinary Perspective on Andean Ecological Complementarity, Tokio: University of Tokyo Press.

—. (1986). *Native lords of Quito in the age of the Incas. The political economy of north Andean chiefdoms*, Cambridge: Cambridge University Press.

—. (2002). "Collquiri's dam: The colonial re-voicing of an appeal to the archaic", en Boone, Elizabeth y Cummins, Tom (eds.), *Native traditions in the post Conquest works*, Washington D.C.: Dumbarton Oaks Research Library Collection.

Samaniego, Lorenzo. (1992). *Moro: historia y turismo*, Chimbote: Municipalidad Distrital de Moro.

Sánchez, Rodolfo. (1992). "Pitusiray y Sawasiray: Mitos de alianzas y restauración cósmica", en *Anthropologica*, vol. 10.

Sánchez, Rodolfo y Golte, Juergen. (2004). "Sawasiray-Pitusiray, la antigüedad del concepto y santuario en los Andes", en *Investigaciones Sociales: Revista del Instituto de Investigaciones Histórico Sociales*, vol. 13.

Sandor, Jonathan y Furbee, Louanna. (1996). "Indigenous knowledge and classification of soils in the Andes of southern Peru", *Journal of the Soil Science Society of America*, vol. 60.

Sandweiss, Daniel, Richardson, James, Reitz, Elizabeth, Rollins, Harold y Maasch, Kirk. (1996). "Geoarchaeological evidence from Peru for a 5,000 BP onset of El Niño", *Science*, vol. 273.

—. (1997). "Determining the beginning of Niño: Response", *Science*, vol. 276.

Sauer, Carl. (1963). "The Morphology of Landscape". Leighly, J. (ed.), *Land and Life: A Selection from the writings of Carl Ortwin Sauer*, Berkeley: University of California Press.

Scarborough, Vernon. (2003). *The flow of power: Ancient water systems and landscape*, Santa Fe, Nuevo México: SAR Press.

Schlager, Nathan. (1994). "Mindful technology: Unleashing the chaîne opératoire for an archaeology of mind", en Renfrew, Colin y Zubrow, Ezra (eds.), *The ancient mind: elements of cognitive archaeology*, Cambridge: Cambridge University Press.

Schreiber, Katherine y Lancho, Josué. (2006). *Aguas en el Desierto. Los Puquios de Nasca*, Lima: PUCP.

Seltzer, Geoffrey y Hastorf, Christine. (1990). "Climatic Change and pre-Hispanic Agriculture in the Central Peruvian Andes", *Journal of Field Archaeology*, vol. 17.

Sen, Amartya. (2000). *Desarrollo y libertad*, Bogotá: Planeta.

Shady, Ruth y Leyva, Carlos. (2003). *La Ciudad Sagrada de Caral-Supe. Los orígenes de la civilización andina y la formación del Estado Prístino en el Antiguo Perú*, Lima: Instituto Nacional de Cultura.

Sherbondy, Jeanette. (1986). *Malki: ancestros y cultivo de árboles en los Andes*, Lima: FAO e INFOR.

Shimada, Izumi, Schaaf, Cristal, Thompson, Lonnie y Mosley-Thompson, Ellen. (1991). "Cultural impacts of severe droughts in the prehistoric Andes: Application of a 1500-year ice core precipitation record", en *World Archaeology*, vol. 22, núm. 3.

Sillar, Bill y Tite, Michael. (2000). "The challenge of "technological choices" for material science approaches in archaeology", *Archaeometry*, vol. 42, núm. 1, p.p. 2-20.

Silverman, Helaine. (2002). "Touring ancient times: The present and presented past in contemporary Peru", *American Anthropologist*, vol. 104, núm. 3.

Smith, Bruce. (1995). *The emergence of agriculture*, Nueva York: Scientific American Library.

Solo de Zaldívar, Víctor Bretón. (2000-2001). "Capital social, etnicidad y desarrollo: algunas consideraciones críticas desde los Andes ecuatorianos", *Boletín de Antropología Americana*, vol. 37.

SPAR. (2005). Retos y perspectivas del productor de camélidos domésticos. Plan Estratégico Institucional de la Sociedad Peruana de Alpacas Registradas Periodo 2005 al 2015, Lima: Oficina de Planificación y Proyectos de la SPAR.

Spencer, Charles. (2000) "Prehispanic water management and agricultural intensification in Mexico and Venezuela", en Lentz, L. (ed.), Imperfect Balance, New York: Columbia University Press.

Spriggs, Matthew. (1984). *Marxist perspectives in archaeology*, Cambridge: Cambridge University Press.

Stemper, David. (1993). *The persistence of prehispanic chiefdoms on the Rio Daule, coastal Ecuador. La persistencia de los cacicazgos prehispánicos en el río Daule, costa del Ecuador*, Pittsburgh: University of Pittsburgh.

Stothert, Karen. (1988). "La prehistoria temprana de la península de Santa Elena, Ecuador; Cultura Las Vegas", *Miscelánea Antropológica Ecuatoriana*, núm. 10.

— (1995). "Las albarradas tradicionales y el manejo de aguas en la península de Santa Elena", *Miscelánea Antropológica Ecuatoriana*, núm. 8.

Suárez Hancco, Francisco. (2003). "Uso de incentivos para el manejo de mojadales y ordenamiento de pastoreo: la experiencia de la comunidad campesina de Huray Huma, Provincia de Parinacochas, Ayacucho", en FIDA (ed.), *Sostenibilidad ambiental y manejo de recursos naturales*, disponible en <http://www.fidamerica.org/fida_old/getdoc.php?docid=2107>, recuperado el 1º de marzo de 2009.

Sutter, Richard y Cortez, Rosa. (2007). "Analysis of human skeletal materials from the site of Kasapata", en Bauer, Brian, *Kasapata and the archaic period of the Cuzco Valley*, Los Ángeles: Cotsen Institute of Archaeology.

Taks, Javier y Foladori, Guillermo. (2002). "La Antropología frente al Desafío Ambiental", *Revista Mad*, vol. 6.

Tantaleán, Henry. (2004) "L' arqueologia social peruana: mite o realitat?", *Cota zero*, vol. 19.

Tapia, Mario. (1994). "Conservación y uso de los recursos fitogenéticos andinos para un desarrollo agrícola sostenido", en Dancourt, Mayer y Monge (eds.), *SEPIA V*, Lima: Seminario permanente de investigación agraria/Universidad Nacional de San Agustín y Centro de Apoyo y Promoción del Desarrollo Agrario.

Tarragó, Myriam. (1978). "Paleoecology of the Calchaquí Valley, Salta Province, Argentina". David Browman. Advances in Andean Archaeology. (La Haya: Mouton).

—. (2003). "La arqueología de los valles Calchaquíes en perspectiva histórica", *Anales. Nueva Época*, vol. VI.

Taylor, Gerard. (1999) Huarochjirí

Tello, Julio C. (1923). *Wira Cocha. Revista Inca*, vol. I, p.p. 93-320.

Troll, Carl. (1931). "Die Geographischen Grundlagen der andinen Kulturen und des Incareiches", *Ibero Amerikanisches Archiv*, vol. III.

—. (1943). "Die Stellung der Indianer-Hochkulturen im Landschaftsaufbau der tropischen Anden", *Zeitschrift der Gesellschaft für Erdkunde zu Berlin*, núm. 3-4.

—. (1959). *Die tropischen Gebirge. Ihre dreidimensionale klimatische und pflanzengeographische Zonierung*, Bonn: Dümmlers.

Ubelaker, Douglas. (1984). "Prehistoric human biology of Ecuador: Possible temporal trends and cultural correlations", en Cohen, *Paleopathology at the origins of agriculture*, Orlando: Academic Press.

—. (1995). "Biological research with archaeologically recovered human remains from Ecuador: Methodological issues", en Stahl, *Archaeology in the lowland American tropics*, Cambridge: Cambridge University Press.

UNACAST, Comité Asesor de las Naciones Unidas sobre la Aplicación de la Ciencia y la Tecnología al Desarrollo. (1973). Plan de acción regional para la aplicación de la ciencia y la tecnología al desarrollo de América Latina, Santiago: CEPAL y Fondo de Cultura Económica.

UNEP e International Environmental Technology Centre. (1997). Source book of alternative technologies for freshwater augmentation in Latin America and the Caribbean, Nairobi: UNEP.

Uribe, María Victoria. (1977-78). "Asentamientos Prehispánicos en el Altiplano de Ipiales", *Revista Colombiana de Antropología*, vol. XXI.

Valderrama Fernández, Ricardo y Escalante Gutiérrez, Carmen. (1975). "El Apu Ausangate en la narrativa popular", *Allpanchis*, vol. 8.

Valdez, Francisco (ed.). (2006). *Agricultura ancestral. Camellones y albarradas*. Colección Actas y Memorias del IFEA, Quito y Lima: Ediciones Abya-Yala, IFEA, IRD, Banco Central del Ecuador, INPC, / CNRS, Embajada de Francia en Ecuador, Universidad de París I.

—. (2006). "Drenajes, camellones y organizacion social. Uso del espacio y poder en La Tola, Ecuador", *Agricultura ancestral. Camellones y albarradas*, Quito: IFEA y Abya-Yala.

Verbeek, Peter-Paul. (2006). "Materializing morality: Design ethics and technological mediation", *Science, Technology & Human Values*, vol. 31, núm. 3.

Verdesio, Gustavo. (2006) "Oponencia 1", *Arqueología Suramericana*, vol. 2, núm. 2.

Vergara González, Otto. (s. f.) "Guajiros", en *Introducción a la Colombia amerindia*. Publicación digital en la página web de la Biblioteca Luis Ángel Arango del Banco de la República, <http://www.lablaa.org/blaavirtual/antropologia/amerindi/guajiros.htm>, recuperada el 27 de enero de 2008.

Vilchez, Juan. (1990). "El Instituto Nacional de Investigación Agraria y Agroindustrial [INIAA] y su acción en torno a la alpaca", en Guerrero Figueroa y Blanco Aguilar (eds.), *La alpaca en el norte peruano: II encuentro alpaquero*, Lima: Equipo de Desarrollo Agropecuario Cajamarca [EDAC], Centro de Investigación, Educación y Desarrollo [CIED] y CONCYTEC.

Vildoso, Carlos. (1996). *Apuntes sobre el Huarango*, Lima: CEDEP.

Villalba, M. y A. Alvarado. (1998). "La arqueología del valle de Quito en clave volcánica", en Mothes, Patricia (ed.). *Actividad volcánica y pueblos precolombinos en el Ecuador*, Quito: Abya-Yala.

Vitelli, Karen y Colwell-Chanthaphonh, Chip. (2006). *Archaeological ethics*, Lanham, MD: AltaMira Press.

Vivero Pol, José Luis y Porras, Carmen. (2007). *¿Es posible una América Latina sin hambre en el 2025?*, Santiago de Chile: Organización de las Naciones Unidas para la Agricultura y la Alimentación (FAO).

Wells, Lisa y Noller, Jay. (1999). "Holocene coevolution of the physical landscape and human settlement in northern coastal Peru", *Geoarchaeology*, vol. 14, núm. 8.

Wheeler, Jane, Pires-Ferreira, Edgardo y Kaulicke, Peter. (1976). "Domesticación de camélidos en los Andes Centrales durante el período precerámico: un modelo", *Journal de la Societé des Américanistes*, vol. 64.

Wheeler, Jane, Russel, Angus y Redden, Hilary. (1995). "Llamas and alpacas: Pre-conquest breeds and post-conquest hybrids", *Journal of Archaeological Science*, vol. 22.

White, Leslie. (1959). "The Concept of Culture", *American Anthropologist*, vol. 61, núm. 2, p.p. 227-251.

Wing, Elizabeth. (1977). "Animal domestication in the Andes". *Reed. Origins of Agriculture*, La Haya: Mouton.

Wright, Helen. (1980). "Environmental history of the Junín plain and the nearby mountains", en Rick, John, *Prehistoric hunters of the high Andes*, Nueva York: Academic Press.

Wright, Helen y Bradbury, John. (1975). "Historia ambiental del Cuaternario Tardío en el área de la planicie de Junín, Perú", *Revista del Museo Nacional*, vol. XLI.

Wylie, Alison. (1997). "Contextualizing ethics: Comments on ethics in Canadian archaeology by Robert Rosenswig", *Journal Canadien d'Archéologie*, núm. 21.

—. (2005). "The promise and perils of an ethic of stewardship", en Meskell, Lynn y Pells, Peter, *Embedding ethics*, Londres: Berg Press.

Yacovleff, Eugenio y Fortunato Herrera. (1934). "El mundo vegetal de los antiguos peruanos", *Revista del Museo Nacional*, núms. 3 y 4.

Zárate, Agustín de. (1995) [1555]. *Historia del Descubrimiento y Conquista del Perú*, Lima: PUCP.

Zimmerer, Karl. (1995). "The origins of Andean irrigation", *Nature*, vol. 378.

Zimmerman, Larry, Vitelli, Karen y Hollowell-Zimmer, Julie (eds.). (2003). *Ethical issues in archaeology*, Walnut Creek: AltaMira Press.

Zucchi, Alberta. (1985). "Recent evidence for pre-Columbian water management in the western llanos of Venezuela", en Farrington, Ian (ed.), *Prehistoric Intensive Agriculture in the Tropics BAR International Series 232*, Oxford: B.A.R.

Zucchi, Alberta y Denevan, William. (1979). *Campos elevados e historia cultural prehispánica en los Llanos Occidentales de Venezuela*, Caracas: Universidad Católica Andrés Bello/Instituto de Investigaciones Históricas.

Índice temático

La recuperación de tecnologías indígenas: arqueología, tecnología y desarrollo en los Andes se compuso en caracteres Kepler 11/16 en julio del 2011